JN216679

AWS認定 ソリューション アーキテクト

アソシエイト

大塚 康徳（日立インフォメーションアカデミー）著

リックテレコム

はじめに

　AWS 認定プログラムは、必ずしも「普段から AWS をよく利用している人」が合格できる認定試験ではありません。なぜならば、AWS 上に仮想サーバを起動し、オンプレミスと同様のシステムを構築することは驚くほど簡単にできてしまうのですが、認定試験で問われるのはオンプレミスと同じように AWS を利用することではありません。認定試験で問われるのは「いかに AWS の各種サービスや特徴を活用し、可用性が高く、コスト効率に優れたシステムを設計・構築するか」ということだからです。

　オンプレミスのシステムにほとんど変更を加えず、シンプルに AWS に移行し、安定稼働させることは可能です。ただし、その場合はオンプレミスでも実施していた可用性を担保するための冗長構成などを AWS 上でも構築する必要があり、構築やその後の運用管理に多くの工数がかかります。また、サーバスペック／ストレージサイズもシステムの負荷に対して対応できるよう、オンプレミスと同程度をデプロイ（用意）すると、IT リソースのコストもさほど削減することができません。一方で、本書で解説する AWS の 7 つのベストプラクティスを順守し、AWS の各種サービスとその特徴を活かしてシステムを構築することで、可用性の高いシステムを低コストで構築／運用管理することができます。

　AWS には「Design for Failure（障害に耐えうる設計）」という考え方があります。「個々のサーバなどに障害が発生してもシステムに問題が生じないようにシステムを設計しましょう」ということをサービス提供側である AWS が言っているのです。「なぜ個々のサーバなどの可用性をより高めることをしないのか？」と思われる方もいるかもしれませんが、「形あるものはいつかは壊れる」と言われるように、世の中、壊れないものはありません。ならば、壊れても問題ないようにシステムを設計／構築することこそ、究極の可用性なのではないでしょうか。オンプレミスの限られたリソースの中で、そのようなシステムを実現することは難しいかもしれませんが、AWS の持つリソース／各種サービスとその特徴を活かすことでオンプレミスでは実現困難なシステムの構築が可能になります。

AWS 認定プログラムの 1 つである、AWS 認定ソリューションアーキテクトーアソシエイトはそのエッセンスを問う認定プログラムです。是非、この認定を取得して AWS 上のシステムの設計、デプロイ、管理に必要なスキルと技術知識を有する IT プロフェッショナルであることを証明するとともに、AWS を最大限に活用するためのエッセンスを習得しましょう。

2016 年 7 月　大塚 康徳

目次

第 **7** 章
データベース（RDS ／ ElastiCache ／ DynamoDB）
データベースについて **75**

第 **8** 章
AWS における監視と通知（CloudWatch ／ SNS）
AWS における監視について **89**

第 **9** 章
AWS における拡張性と分散／並列処理（ELB ／ Auto Scaling ／ SQS ／ SWF）
AWS における拡張性と分散／並列処理について **97**

第1章

AWS と認定プログラム

AWS クラウドとは何か、そして認定プログラムとは何か？

AWS クラウドとは、Amazon Web Services, Inc. が提供するクラウドサービスです。そのサービスは多岐にわたり、日々新しい機能やサービスが生まれています。そして、AWS 認定プログラムは、この AWS クラウドに関する知識とスキルを有していることを認定するものです。

本章では、まず AWS クラウドと認定制度の概要について解説します。

1-1 AWS(Amazon Web Services) クラウド

　サーバやストレージといった IT リソースを利用者が所有せず、必要なとき にネットワークを介して使いたいだけ使い、必要がなくなれば解放するとい う IT リソースの利用形態をクラウドコンピューティング（以下**クラウド**）と いいます。利用者が IT リソースを所有する**オンプレミス型**の運用形態と異な り、クラウドでは、利用にかかる料金は使った分だけ（従量課金）という課金 体系が多く、利用者は IT リソースの購入・維持・管理費用などを抑えること ができます。

　AWS クラウド（以下 AWS）とは、Amazon Web Services, Inc. が提供する クラウドサービスで、ネットワークやサーバ、ストレージといったインフラ ストラクチャからアプリケーションまで、様々な IT リソースを利用者がセル フサービスで利用できます。その特徴としては、IT リソースの柔軟かつ俊敏 な伸縮自在性が挙げられます。必要なときに使いたいだけ IT リソースを使い、 必要がなくなれば解放するというのがクラウドの特徴ですが、それに加えて AWS では、システムの負荷などの利用状況に応じて、サーバ台数やストレー ジ容量を増やしたり、減らしたりといったことを利用者が自動・手動でリア ルタイムに行えるようになっています。

　AWS 上にシステムを構築する上で、オンプレミスでの構築とは異なる、 AWS ならではの **7 つのベストプラクティス**（推奨される設計時の考慮点）が あります。

1. 故障に備えた設計で障害を回避
2. コンポーネント間を疎結合で柔軟に
3. 伸縮自在性を実装
4. すべての層でセキュリティを強化
5. 制約を恐れない (IT リソース量の制限などオンプレミスとは考え方を変える)
6. 処理の並列化を考慮
7. さまざまなストレージの選択肢を活用

　例えば、「1. 故障に備えた設計で障害を回避」はオンプレミスと大きく異なるポイントの1つで、オンプレミスのシステムではインフラ側でサーバがダウンせず継続して使えるようにする、いわゆる**可用性**を実現しようとしますが、AWS では構成設計側（アプリ側）で高い信頼性・可用性を実現しようとします。そのポイントを押さえることで、AWS 上で高信頼・高可用なシステムを構築できるため、AWS を利用する上では極めて重要なポイントとなります。

　これらの7つのベストプラクティスは、AWS 認定プログラムでもよく問われるポイントになっています。詳細は、後の章で解説します。

1-2 AWS 認定プログラム

　AWS 認定プログラムは、AWS に関する知識とスキルを有していることを認定するものです（https://aws.amazon.com/jp/certification/）。AWS 導入にあたるエンジニアの役割を「ソリューションアーキテクト」「デベロッパー」「システムオペレーション（SysOps）アドミニストレーター」という3つの役割に分類し、その役割ごとに認定資格があります。各認定資格には、習熟度によって「アソシエイト」「プロフェッショナル」の2つのレベルがあります（**図1-2-1**）。

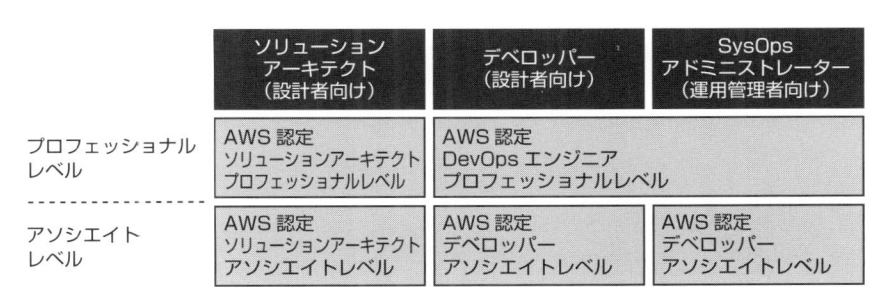

	ソリューション アーキテクト （設計者向け）	デベロッパー （設計者向け）	SysOps アドミニストレーター （運用管理者向け）
プロフェッショナル レベル	AWS 認定 ソリューションアーキテクト プロフェッショナルレベル	AWS 認定 DevOps エンジニア プロフェッショナルレベル	
アソシエイト レベル	AWS 認定 ソリューションアーキテクト アソシエイトレベル	AWS 認定 デベロッパー アソシエイトレベル	AWS 認定 デベロッパー アソシエイトレベル

図 1-2-1　AWS 認定資格体系

　AWS 認定プログラムは、AWS を使用してセキュアで信頼性のあるクラウドベースのアプリケーションを構築するためのベストプラクティスに関するスキルと知識を認証することを目的にしています。AWS 認定資格は2年ごとに

更新する必要があり、アソシエイトレベルの方は、再認定試験を 2 年ごとに更新するか、またはその上位のプロフェッショナルレベルを取得する必要があります。

　本書は、ソリューションアーキテクト－アソシエイトレベルを対象としており、その概要と出題割合は次のとおりになります。

● 概要

　AWS 認定ソリューションアーキテクト－アソシエイトレベル資格は、認定者の次の能力を認定するものです。

- システム要件の洗い出しと定義能力を有し、AWS アーキテクチャーのベストプラクティスに基づき AWS 上にシステムを構築することができる
- AWS アーキテクチャーのベストプラクティスを、アプリケーション開発者およびシステム管理者に対してプロジェクトのライフサイクルを通じて助言できる

● 出題分野と割合

分野	出題割合
高可用性、コスト効率、対障害性、スケーラブルなシステムの設計	60%
実装／デプロイ	10%
データセキュリティ	20%
トラブルシューティング	10%

　試験時間：80 分
　問題数：非公表
　回答方法：択一選択／複数選択
　合格ライン：非公表

第2章

リージョン／
アベイラビリティーゾーン
と AWS サービス

リージョンと AZ、そして各種サービスの
提供レベルについて

　AWS を利用する上で、必ず押さえなくてはいけない概念（用語）が、「リージョン」と「アベイラビリティーゾーン」です。認定試験においても、リージョンとアベイラビリティーゾーンについて正しく理解していなければ、ほとんどの問題を解くことができません。本章では、まず、リージョンとアベイラビリティーゾーンについて概要を説明し、その後に主要なサービスの提供レベルについて説明します。

2-1 リージョンと アベイラビリティーゾーン

重要！

アベイラビリティーゾーン：物理的なデータセンタ群で AZ と略される
リージョン：複数の AZ が存在する世界 13ヶ所の地域

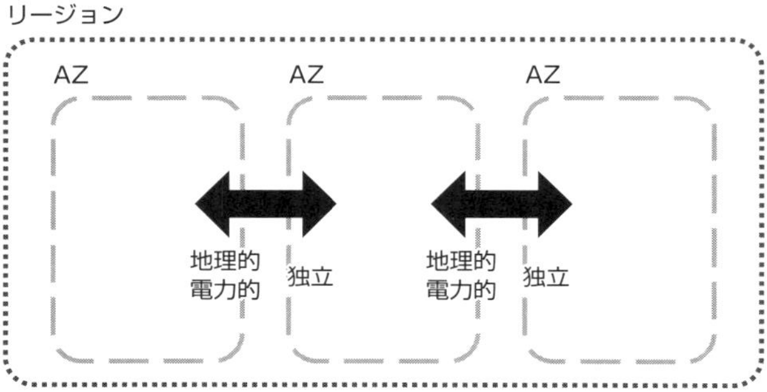

リージョン

図 2-1-1　リージョンと AZ

　2016 年 7 月現在、AWS は世界中に 13ヶ所[注1]の**リージョン**（Region）を用
意しており、2017 年までにさらに 4ヶ所のリージョンを追加する予定です。
1 つのリージョンの中には複数の**アベイラビリティーゾーン**（Availability
Zone：以下 **AZ**）があり、それぞれの AZ は地理的にも電力的にも独立してい
ます。そのため、落雷によるサージ電流や大雨による浸水などでリージョン
内の AZ の 1 つに避けられない障害が発生したとしても、他の AZ には影響
が及ばないように設計されています（**図 2-1-1**）。これにより、サーバやデー
タを AZ 間で冗長的に配置することで、可用性の高いシステムを構築すること
ができ、これは 1 章 1-1 で説明した "7 つのベストプラクティス" の 1 つであ
る「故障に備えた設計で障害を回避」にも関係する、非常に重要なポイントで
す（**図 2-1-2**）。各リージョン内の AZ 間は専用線で接続されており、各 AZ
に配置されたサーバ間は低レイテンシー（遅延）で通信することができます。

注1　13ヶ所のうち、2ヶ所（GovCloud と北京）は通常の利用者は使えない特殊なリージョンになります。

サーバやデータは AZ 間で冗長的に配置する

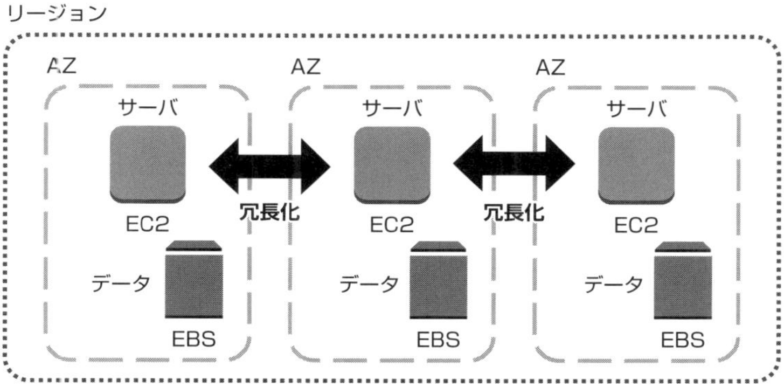

リージョン

図 2-1-2　AZ にまたがるサーバ配置

補足　Amazon Route 53 という DNS サービスを利用し、複数のリージョンにまた
がってサーバやデータを配置することで、より高可用なシステムを構築でき
ます。詳しくは 10 章で説明します。

2-2　AWS サービスと リージョン／AZ

　AWS には非常に数多くのサービスがあります。そして、これらのサービ
スを組み合わせて使用することにより、システムを構築することができます。
各サービスにはそれぞれ対応するシンプルなアイコン[注2]が用意されており
（図 2-2-1）、それらのアイコンを配置してシステム構成図を作成することが
できます。

注 2　「シンプルアイコン」と呼ばれています。

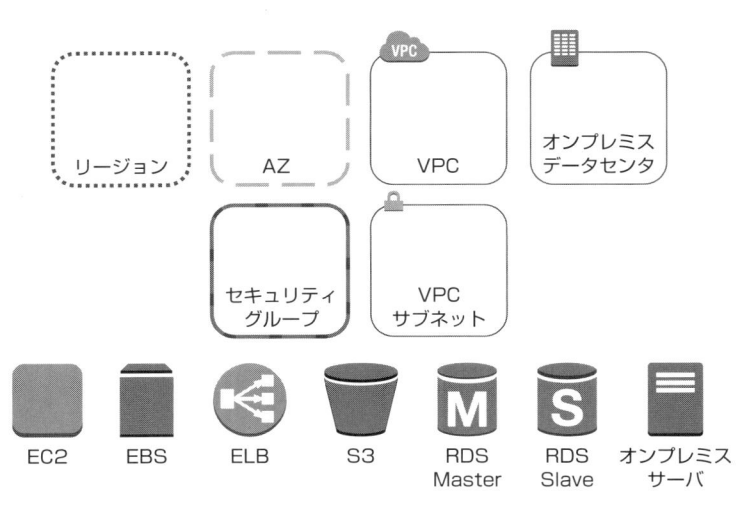

図 2-2-1　主要なシンプルアイコン

　例えば、仮想サーバのサービスである Amazon EC2（以下 EC2）インスタンス[注3]を負荷分散サービスである Elastic Load Balancing（以下 ELB）の配下に配置して、トラフィックを分散させるシステムを構築するとします。EC2 インスタンスのバックエンドにはリレーショナルデータベースのサービスである Amazon RDS（以下 RDS）インスタンスを配置してデータベースを管理し、静的なデータや大きな読み取りデータは耐久性の高いストレージである Amazon S3（以下 S3）バケット[注4] に保存するようにします。これらのシステム構成についてシンプルアイコンを使ってまとめると、**図 2-2-2** に示したようになります。

注 3　EC2 や RDS などはサービス名であり、仮想サーバ（マシン）1 台 1 台の実体はインスタンスと呼ばれます（EC2 インスタンスや RDS インスタンス）。

注 4　リージョンごとに作成するデータの格納先で、詳しくは 6 章で紹介します。

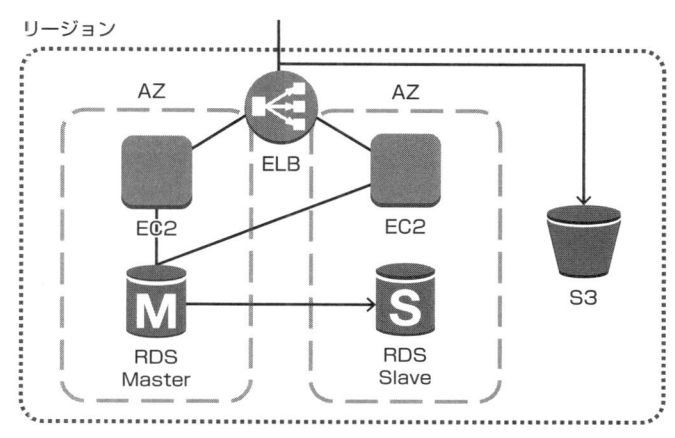

図 2-2-2 シンプルアイコンを用いたシステム構成図

AWS の各種サービスには、次の 3 つのサービスレベルがあります。

- リージョンごとに作成・管理される**リージョンサービス**
- AZ ごとに作成・管理される **AZ サービス**
- どこのリージョンからでも共通のサービスとして利用できる**グローバルサービス**

AWS 上のほとんどシステムがこれらのサービスを組み合わせてシステムを構成しますが、組み合わせる際には注意が必要です。1 つのリージョン内の AZ サービス間であればプライベート IP アドレスで接続できますが、リージョンサービスの場合、基本的にはグローバル IP アドレスで接続しなければいけません。このようなサービスレベルの違いは、システムを設計する上で意識しなければいけない重要事項です。代表的なリージョンサービスと AZ サービス、そしてグローバルサービスを**表 2-2-1** 及び**図 2-2-3** に示します。

表 2-2-1 代表的な AWS サービスと概要

	サービス名	サービスの概要
リージョンサービス	Amazon S3	ストレージ
	Amazon DynamoDB	NoSQL
	Amazon SQS	キュー
	Amazon CloudSearch	検索
AZ サービス	Amazon EC2	仮想マシン
	Amazon RDS	リレーショナル DB
	ELB	負荷分散
	Amazon ElastiCache	キャッシュ
グローバルサービス	AWS IAM	認証・アクセス制限
	Amazon Route 53	DNS
	Amazon CloudFront	コンテンツ配信

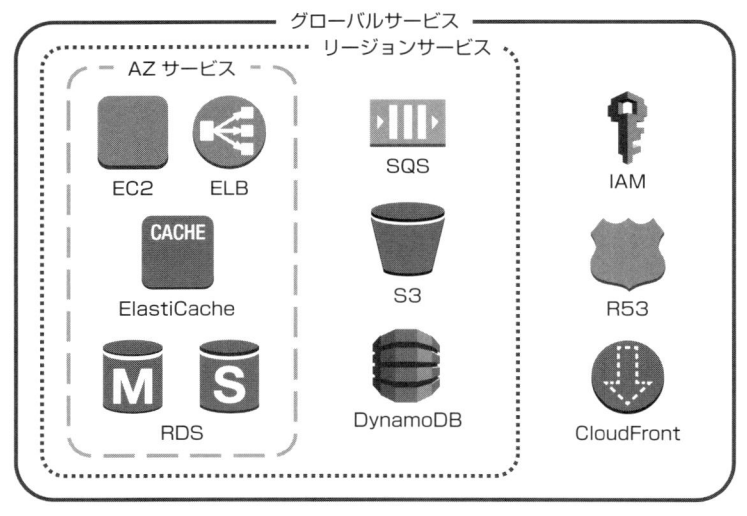

図 2-2-3 サービスレベル

章末問題

Q1 次の構成のうち、最も可用性が高くなる構成はどれか？

○ **A** 1 つのリージョン内の 1 つの AZ に 4 台の Web サーバ (EC2) を配置し、ELB を用いて負荷分散する

○ **B** 1 つのリージョン内の 2 つの AZ に各 2 台の Web サーバ (EC2) を配置し、ELB を用いて負荷分散する

○ **C** 2 つのリージョン内の各 1 つの AZ に 2 台ずつ Web サーバ (EC2) を配置し、ELB を用いて負荷分散する

○ **D** 2 つのリージョン内の各 2 つの AZ に 1 台ずつ Web サーバ (EC2) を配置し、ELB を用いて負荷分散する

答え

A1 B

ELB は AZ サービスであり、リージョンをまたいで負荷分散することはできません。複数の AZ に EC2 を配置し、負荷分散する B の構成が最も可用性が高くなります。

第3章

責任分担セキュリティモデルと AWS における認証（IAM）

AWS におけるセキュリティの考え方と、認証について

　利用者と AWS が協力してセキュリティを高める考え方を**責任分担セキュリティモデル**といいます。また、AWS の各種サービスを利用する上での認証とアクセス制御を提供する AWS サービスを IAM（Identity and Access Management）といいます。IAM は、AWS を利用する上でまず初めに理解しなくてはいけないサービスであり、認定試験においても、セキュリティに関する出題は 20% を占めます。本章では、AWS を利用する上でのセキュリティの考え方と IAM について説明します。

3-1 責任分担セキュリティモデル

　AWS 上のシステムを不正アクセスなどから保護するには、利用者と AWS が協力してセキュリティを高める必要があります。この考え方を AWS では**責任分担（共有）セキュリティモデル**と呼んでいます。

重要！

> AWS 上のシステムは、利用者と AWS が責任を共有してセキュリティを高める

　利用者と AWS の間で、システムのどの階層について責任を分担するかは、利用する AWS サービスによって異なります。例えば、EC2 のようなハードウェア部分まで AWS が管理する**インフラストラクチャサービス**の場合は、図 3-1-1 のような分担になります。

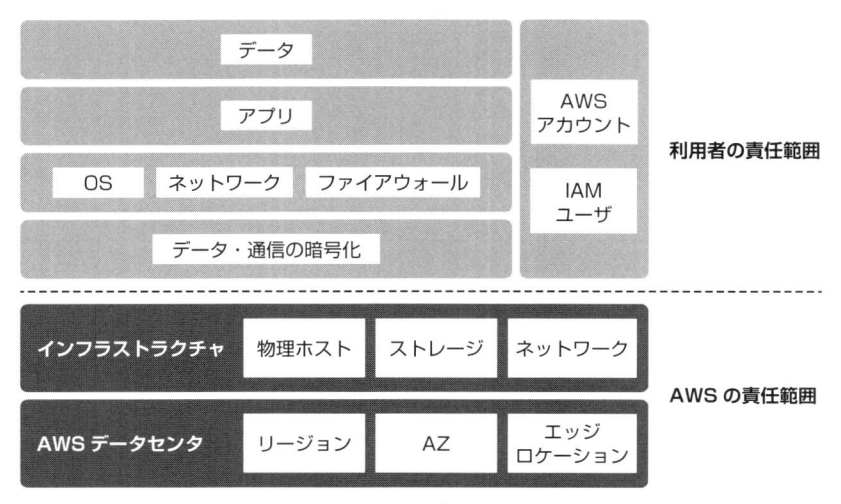

図 3-1-1　インフラストラクチャサービスの責任分担セキュリティモデル

　一方、RDS のようなハードウェア部分から OS やミドルウェア部分まで AWS が管理する**コンテナサービス**の場合は、図 3-1-2 のような分担になります。

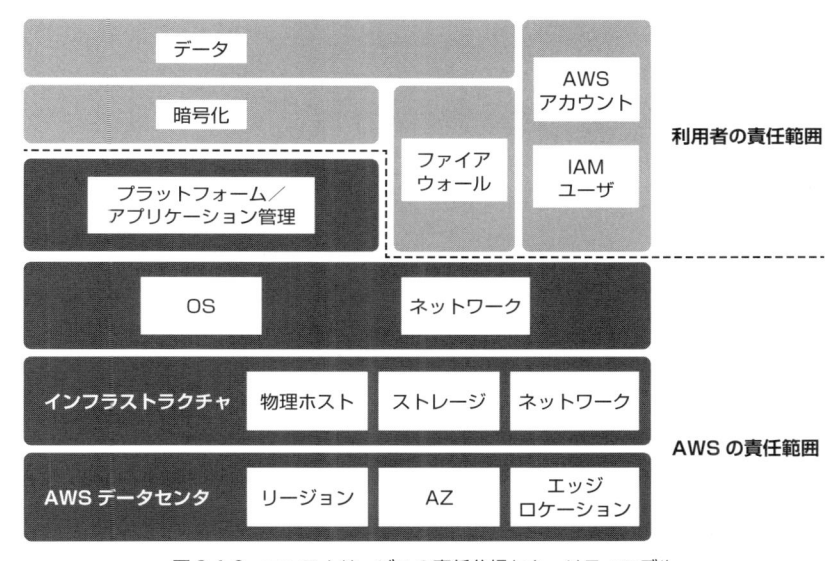

図 3-1-2　コンテナサービスの責任分担セキュリティモデル

　S3 や DynamoDB のようなハードウェア部分からソフトウェア部分まで AWS が管理する**アブストラクトサービス**の場合は、図 3-1-3 のような分担になります。

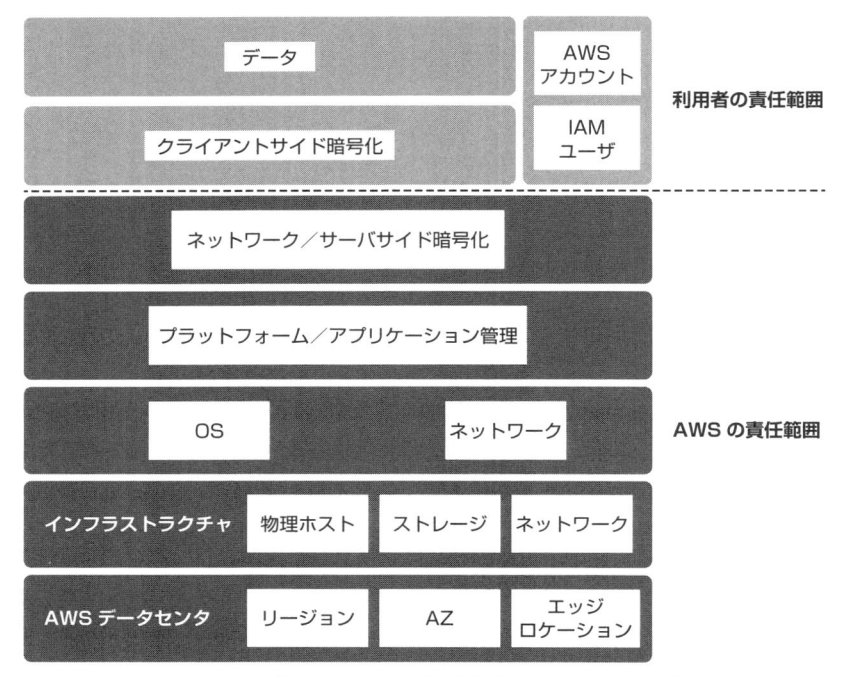

図 3-1-3　アブストラクトサービス責任分担セキュリティモデル

　インフラストラクチャサービスである EC2 については、OS のファイア
ウォールを利用する他、セキュリティ対策ソフトを導入するなどして、利用
者の責任でセキュリティ上の脅威からシステムを守る必要があります。ただ
し、セキュリティ対策後のテストについては注意が必要で、侵入テストなど
を行う際には AWS に事前申請する必要があり、申請せずに実施すると利用規
約違反となります。

> **試験のポイント！**
> インフラストラクチャサービス、コンテナサービス、アブストラクトサー
> ビスの各サービスについて、利用者の責任範囲を明確にする

3-2 AWS における認証とアクセス制御（IAM）

　AWS を利用するには、アカウントを取得する必要があります。メールアドレス・パスワードなどのログイン情報、名前・住所・電話番号などの連絡先情報、クレジットカード情報などの支払い情報を登録すると、12 桁のアカウント番号が発行され、アカウントを取得できます。登録したメールアドレスとパスワードでマネージメントコンソールにサインインすると、EC2 を始めとした様々な AWS サービスを利用することができます。このメールアドレスのことを**ルートアカウント**と呼び、ルートアカウントではすべての操作を行うことができます。ただし、ルートアカウントの権限は制御することができないため、操作ミスやパスワード漏えいに備え、日常の操作にはルートアカウントを使用せず、アカウント内に**ユーザ**を作成し、このユーザを使用します。ユーザは、1 アカウント内に複数作成することができます。

> **試験のポイント！**
> 日常の操作にはルートアカウントを使用せず、ユーザを使用する

　AWS 内のユーザ管理や AWS リソースに対するアクセス制御を行うためのサービスを AWS Identity and Access Management（以下 **IAM**）といいます。AWS アカウントを取得したら、まず、IAM でグループ (以下 **IAM グループ**) やユーザ (以下 **IAM ユーザ**) を作成します。そして、各 IAM グループや IAM ユーザごとに、AWS の各種リソースに対するアクセスの可否（**IAM ポリシー**）を設定します。

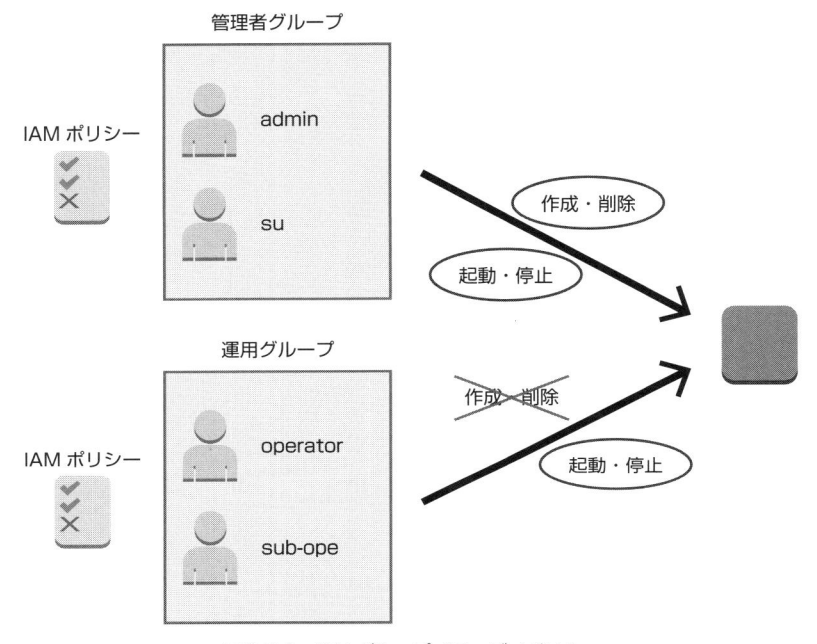

図 3-2-1　IAM グループ／ユーザ／ポリシー

　新たに作成した IAM グループや IAM ユーザには何の権限も与えられていないため、アクセス権限を割り当てていきますが、その際には必要最低限のアクセス権限を割り当てるようにします。アクセス許可と拒否の IAM ポリシーが相反する場合、拒否の IAM ポリシーが優先されます。

> **試験のポイント！**
>
> 各 IAM グループ・IAM ユーザには、最小権限のアクセス権を与える。
> IAM ポリシーは最も厳しいポリシー（拒否）が優先される。

　「EC2 インスタンスを起動する」「S3 バケットにファイルをアップロードする」といった AWS サービスを利用（操作）する方法には、表 3-2-1 に示した 3 種類があり、どの方法を利用するにも認証が必要です。

表 3-2-1 AWS サービスを操作する方法と認証情報

利用（操作）方法	認証情報
マネージメントコンソール（Web ブラウザ）	ユーザ名／パスワード
AWS CLI（コマンド）	アクセスキー／シークレットアクセスキー
AWS SDK（プログラム）	アクセスキー／シークレットアクセスキー

各 IAM ユーザは「アクセスキー」と「シークレットアクセスキー」のペアを作成・保持することができ、ユーザ ID とパスワードのように、そのペアを AWS CLI（コマンド）や AWS SDK（プログラム）の認証情報として利用することができます。

アクセスキーの例：AKIABCDEFGHIJKLMNOPQ

シークレットキーの例：zyxwvutsrqponmlkjihgfedcba123456789ABCDE

環境変数や認証ファイルにアクセスキーとシークレットキーの値を格納しておくと、コマンドラインで次のようなコマンドを実行できます。

図 3-2-2 実行例 aws s3 ls の例

```
$ aws s3 ls

2015-12-15  09:28:47  my-bucket1
2016-01-07  16:53:12  my-bucket2
```

アクセスキーとシークレットアクセスキーは、SDK（プログラム）の認証情報として利用することができますが、認証情報の更新の問題や流出の危険性などから推奨されていません。その代わりに、**IAM ロール**の利用が推奨されています。IAM ロールには、IAM グループや IAM ユーザと同様に、AWS の各種リソースに対するアクセス可否（IAM ポリシー）を設定します。IAM ロールは、EC2 インスタンスなどに割り当てることができ、IAM ロールを割り当てられた EC2 インスタンス上のプログラムは、アクセスキーとシークレットキーがなくとも IAM ロールに許可されている AWS のリソースにアクセスできます。

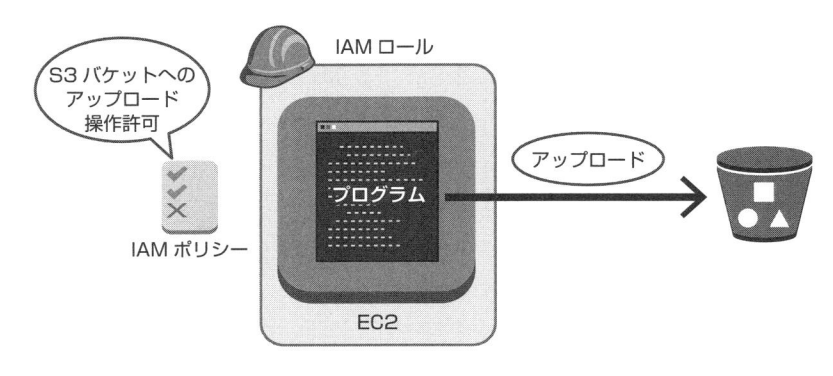

図 3-2-3 IAM ロール

EC2 インスタンス上で実行されるプログラムの認証には IAM ロールを割り当てる。

3-3 ID フェデレーション

　自社の従業員に、各自の業務レポートを毎月末に S3 バケットにアップロードさせるために、S3 バケット（AWS サービス）へのアクセス権を付与したいという要望があったとします。その際、各従業員の毎月 1 回だけの S3 バケットへのアクセスのために、従業員一人一人を IAM ユーザとして登録するのはたいへん非効率です。AWS には Security Token Service（以下 STS）という一時的に認証情報を付与するサービスがあり、その STS と ID ブローカー(ID プロバイダー）を利用して、自社の認証基盤で認証が通れば、そのユーザから S3 バケット（AWS サービス）へのアップロードを一時的に許可することができます。

　これを **ID フェデレーション**と呼びます。

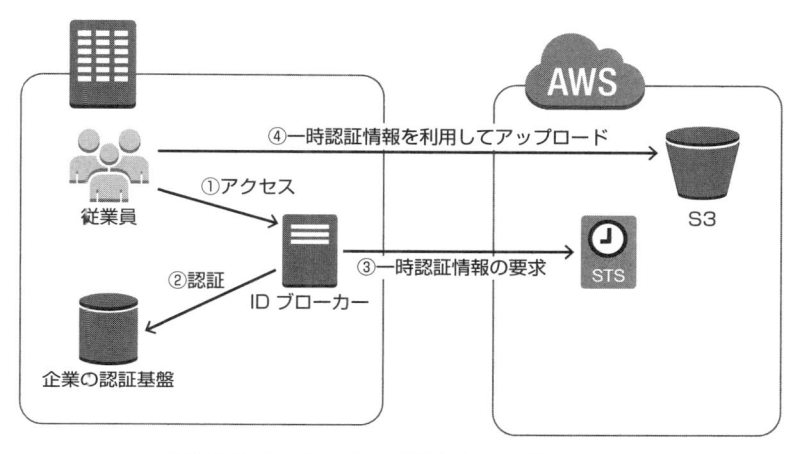

図 3-3-1 ID ブローカーを利用したフェデレーション

① ユーザが社内の ID ブローカーにアクセス
② ID ブローカーが社内の ID ストア（Active Directory や LDAP）でユーザ認証
③ ID ブローカーが STS から一時的な認証情報を取得する
④ 一時的な認証情報を使ってユーザが S3 バケットにファイルをアップロード

AWS では、図 3-3-1 のように ID ブローカーを使用する他、Security Assertion Markup Language（SAML）を使用したシングルサインオンや、Google や Facebook といったウェブ ID プロバイダーを使用したシングルサインオンなどにも対応しています。

> ┤試験のポイント！├
>
> AWS の使用頻度が低いユーザは、ID フェデレーションで社内の認証基盤と IAM を連携する。

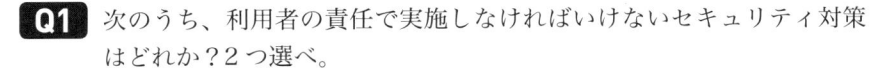

Q1 次のうち、利用者の責任で実施しなければいけないセキュリティ対策はどれか？2つ選べ。

- ☐ **A** EC2 インスタンスの物理ホスト上のハイパーバイザのセキュリティパッチの適用
- ☐ **B** S3 上のデータの暗号化
- ☐ **C** 物理ディスクの適切な廃棄
- ☐ **D** EC2 インスタンス上の OS のセキュリティパッチの適用

Q2 AWS アカウント／認証情報の推奨される運用はどれか？

- ○ **A** ルートアカウントには複雑なパスワードを割り当てて、定期的に更新しながら利用する
- ○ **B** S3 バケットへのファイルのアップロードを行うプログラムのソースコードに、S3 バケットへのファイルアップロードが許可された IAM ユーザのアクセスキーとシークレットアクセスキーを記載する
- ○ **C** S3 バケットへのファイルのアップロードを行うプログラムを EC2 インスタンスで実行する場合、S3 バケットへのファイルアップロードが許可された IAM ロールを EC2 インスタンスに割り当てて EC2 インスタンスを作成する
- ○ **D** AWS の使用頻度に関わらず、全従業員（約 1,000 人）をそれぞれ IAM ユーザとして登録し、各自のアクセスキーとシークレットキーを用いて AWS を利用させる

答え

A1 B, D

インフラストラクチャサービスである EC2 は、OS 以上が利用者の責任です。

A2 C

ルートアカウントは使用しないことが推奨されています。
使用頻度が低いユーザについては、ID ブローカーなどを利用して社内の認証基盤と IAM を統合します。

第 4 章

AWS における
ネットワーク（VPC）

AWS におけるネットワークについて

AWS でネットワーク環境を提供しているサービスを VPC といいます。AWS の各種サービスを利用する上で、VPC は欠かすことのできないサービスであり、認定試験においても、全ての分野にまたがって出題されます。本章では、AWS を利用する上でのネットワーク（VPC）について説明します。

4-1　VPC の機能と設定

　EC2 インスタンスに AWS 外からアクセスできるようにするには、EC2 インスタンスに IP アドレスが適切に割り振られ、外部ネットワークから EC2 インスタンスに到達できるよう適切にルーティングされていなければいけません。AWS でこのようなネットワーク環境を提供しているサービスを Amazon Virtual Private Cloud（以下 **VPC**）といいます。VPC はその名の通り、AWS 上に利用者ごとのプライベートなネットワーク空間を提供し、インターネットやオンプレミスのイントラネットなどの外部ネットワークと接続できます。

　3 つの AZ からなるリージョンに、インターネットからアクセスされる Web サーバの EC2 インスタンスと、その Web サーバからアクセスされる DB の EC2 インスタンス、そしてオンプレミスの基幹システムにアクセスする必要がある EC2 インスタンスからなるシステムを AWS 上に構築するとします。そのようなシステムの VPC を構築するステップは、次の通りです。

① VPC（プライベートネットワーク空間）の作成

　ある特定のリージョンを選択してプライベートネットワーク空間を作成します。プライベートネットワーク空間は /16 から /28 の CIDR ブロック範囲で作成でき、このプライベートネットワーク空間自体も VPC と呼びます。ネットワークアドレスは、一般的に次のようなクラス A から C のプライベートネットワークのいずれかの値を使用します。

　　クラス A：10.0.0.0〜10.255.255.255
　　クラス B：172.16.0.0〜172.31.255.255
　　クラス C：192.168.0.0〜192.168.255.255

　ここでは、「10.100.0.0/16」の範囲の VPC を作成する想定で進めます（図 4-1-1）。

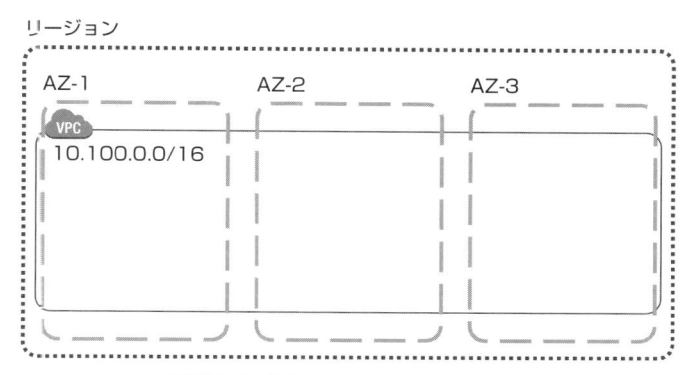

図 **4-1-1** 「10.100.0.0/16」VPC の作成

② サブネットの作成

①で作成した VPC の中にサブネットを作成します。サブネットは、その中に配置するサーバの役割（機能）に応じて作成するのが一般的です。また、サブネットは複数の AZ にまたがって作成することはできないので、必ずある1つの AZ を指定して作成します。このとき、AWS の7つのベストプラクティスの1つ「故障に備えた設計で障害を回避」を実践するため、同じ役割のサブネットを複数の AZ に作成し、サーバを各 AZ に冗長的に配置するのが一般的ですが、ここでは便宜的に各 AZ に役割ごとに1つずつ作成することにします。図 4-1-2 のように、AZ-1 に DB 用のサブネット（10.100.1.0/24）、AZ-2 に Web サーバ用のサブネット（10.100.2.0/24）、AZ-3 に基幹システムにアクセスするサーバ用のサブネット（10.100.3.0/24）を作成します。

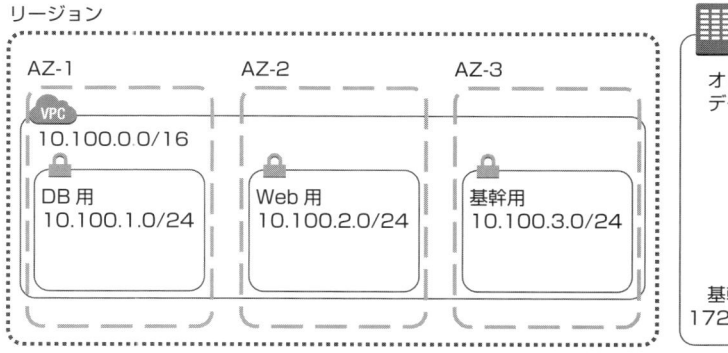

図 **4-1-2** サブネットの作成

> **重要！**
> サブネットは AZ をまたがることができない。サブネットを選択することは
> AZ を選択することと同じ。

③ ゲートウェイの作成

図 4-1-3 のように、VPC と外部ネットワークの間で通信を行うための出
入口となるゲートウェイを作成し、VPC にアタッチします。インターネッ
トとの出入口になるゲートウェイをインターネットゲートウェイ（以下
IGW）、オンプレミスと VPN や専用線で通信するための出入口となるゲー
トウェイをバーチャルプライベートゲートウェイ（以下 **VGW**）といいま
す。

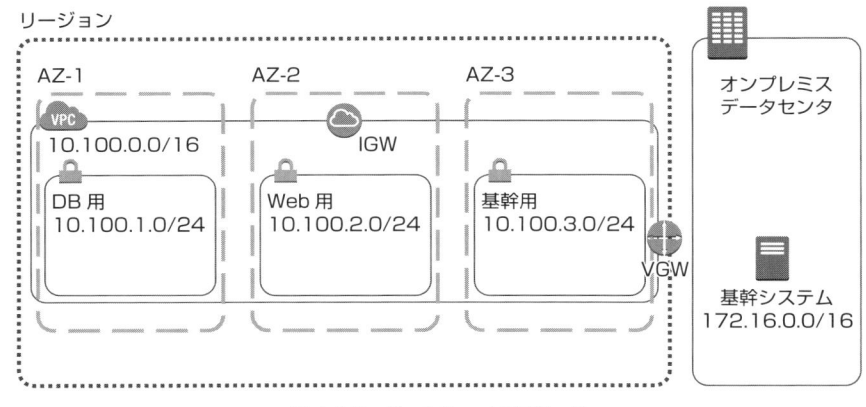

図 4-1-3　ゲートウェイのアタッチ

④ ルートテーブルの設定

サブネットを作成する際、中に配置するサーバの役割に応じて作成した
のは、サブネットごとに、インターネットとのアクセスを許可する／しな
いのアクセス制限をかけることができるためです。サブネットのアクセス
制限は、AWS 上のシステムのセキュリティを守る重要な要素の１つです。
AWS では、これらのサブネットをそれぞれ次のように呼びます。

> **重要！**
>
> **インターネットとのアクセスを許可するサブネット：パブリックサブネット**
> **インターネットとのアクセスを許可しないサブネット：プライベートサブ**
> **ネット**

各サブネットがパブリックサブネットなのか、あるいはプライベートサブ
ネットなのかは、そのサブネットに適用されている**ルートテーブル**によっ
て決まります。デフォルトゲートウェイ（送信先：0.0.0.0/0）のターゲッ
トとして IGW が設定されたルートテーブルがサブネットに適用されてい
れば、そのサブネットはパブリックサブネットです。一方、デフォルトゲー
トウェイ（送信先：0.0.0.0/0）のターゲットとして IGW が設定されていな
いルートテーブルがサブネットに適用されていれば、そのサブネットはプ
ライベートサブネットです。ここでは、図 4-1-4 のように、DB 用のサブ
ネットはデフォルトのままのプライベートサブネットとし、Web サーバ用
のサブネットをパブリックサブネットに設定します。また、オンプレミス
の基幹システムと通信するサーバが配置されるサブネットもプライベート
サブネットとし、オンプレミスのデータセンタへのルーティングルールを
設定します。

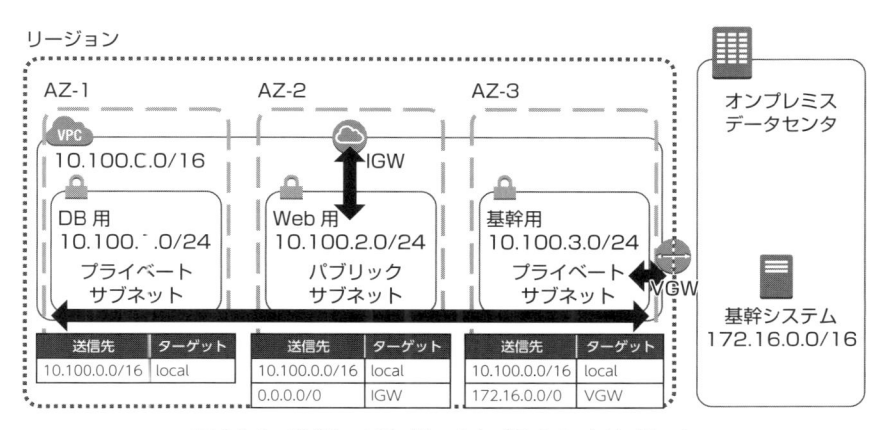

図 4-1-4 パブリックサブネットとプライベートサブネット

ルートテーブル内の「10.100.0.0/16　local」という設定は、デフォルト
の設定で変更することも削除することもできません。このデフォルト設定

が意味するところは、VPC 内の通信はルートテーブルでは制御できないということです。通常のネットワークでは、サブネットでネットワークを区切ってしまえば、ルータがルーティングしない限り、サブネット間の通信は発生しません。ところが、VPC の場合は同じ VPC 内のサブネットであればサブネット間の通信が可能になっています。

⑤ NAT インスタンスの作成

サブネットをプライベートサブネットとして作成すれば、インターネットからのアクセスを受け付けないため、その中に配置するサーバのセキュリティレベルを高めることができます。一方で、プライベートサブネット内に配置したサーバがパッチのダウンロードのためにインターネットにアクセスしたい場合や、リージョンサービスである DynamoDB にアクセスしたい場合、デフォルトのルートテーブルの設定ではアクセスすることができません。このような場合は、**NAT**（Network Address Translation）**インスタンス**と呼ばれるインスタンスを利用することで、インターネットからはアクセスを受け付けないまま、プライベートサブネット内からインターネットやリージョンサービスにアクセスさせることができます。

NAT インスタンスの実体は EC2 インスタンスで、プライベートサブネット内の EC2 インスタンスからのトラフィックを受け付け、その EC2 インスタンスのプライベート IP アドレスを NAT インスタンスに割り振られたグローバル IP アドレスに変換し、インターネットへのアクセスを可能にします。ただし、EC2 インスタンスはデフォルトで、流れてきたトラフィックを自身の IP アドレス宛てかどうかをチェックし、宛先が自身の IP アドレスでなければトラフィックを破棄する設定になっています。この機能を「**送信元／送信先チェック**」といい、NAT インスタンスとして利用するためには、この機能を無効化する必要があります。

NAT インスタンスをパブリックサブネットに作成できたら、プライベートサブネットに適用しているルートテーブルのデフォルトゲートウェイ（送信先：0.0.0.0/0）のターゲットとして、NAT インスタンスを指定します（図 4-1-5）。こうして、プライベートサブネット内の EC2 インスタンスでもインターネットやリージョンサービスにアクセスが可能になります。

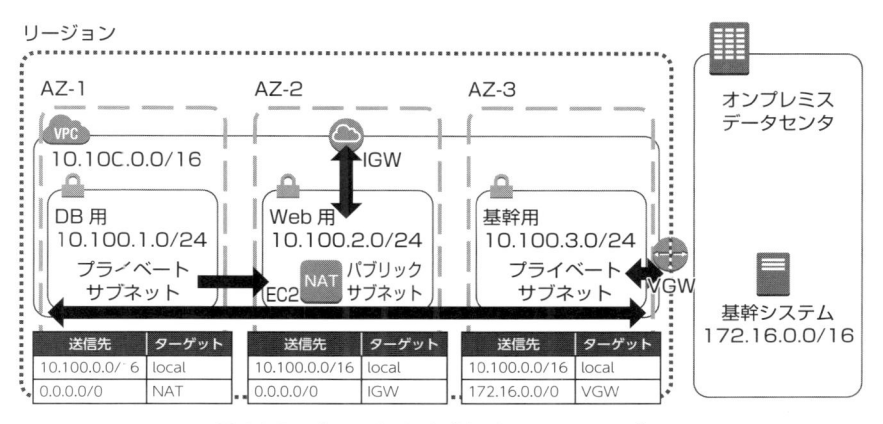

図4-1-5　プライベートサブネットのルートテーブル

```
試験のポイント！
```
プライベートサブネット内のインスタンスがインターネットにアクセスするための設定を押さえる！

補足　2015 年 12 月に NAT ゲートウェイという AWS のマネージド型の NAT サービスが利用できるようになりましたが、本書では割愛します。

4-2 EC2 インスタンスの IP アドレス

　2013 年 12 月 4 日以降に AWS アカウントを取得した場合、そのアカウントの EC2 インスタンスは必ず VPC のサブネット内で起動します。2013 年 12 月以前から AWS アカウントを取得している場合は、EC2-Classic という環境で EC2 インスタンスを起動できます。現在の AWS のネットワーク環境のデフォルトは VPC 環境であり、EC2-Classic から様々な機能拡張がされていることもあって、2013 年 12 月以前から AWS をお使いの方も VPC 環境を利用することが推奨されています。

　VPC のサブネット内に起動する EC2 インスタンスには、そのサブネット内のプライベート IP アドレスが少なくとも 1 つ割り振られます。その EC2 イン

スタンスにインターネットからアクセスしたい場合、さらにグローバル IP アドレスを割り振る必要があります。AWS のグローバル IP アドレスには、次の 2 種類があります。

Public IP： EC2 インスタンスが起動した際にランダムに割り振られる動的なグローバル IP アドレス

Elastic IP： アカウントに割り当てられる固定のグローバル IP アドレスで、EC2 インスタンスにアタッチ／デタッチが可能

　Public IP は EC2 インスタンスを停止して起動した場合にもランダムに変更されるため、固定のグローバル IP アドレスでの運用が求められる場合には Elastic IP を使用します。Elastic IP はそのアドレスを明示的に解放するまで、アカウントで保持されます。

　EC2 インスタンスのプライベート IP アドレスとグローバル IP アドレスの紐付けは VPC の仮想ネットワークで行われているので、EC2 インスタンスの OS にログインし ipconfig コマンド（Windows）や ifconfig コマンド（Linux）を実行しても、プライベート IP アドレスの値しか表示されません。

4-3 セキュリティグループとネットワーク ACL

　VPC が提供するファイアウォール機能に**セキュリティグループ**と**ネットワーク ACL (NACL)** があります。

　セキュリティグループは、EC2 や ELB、RDS などインスタンスごとのファイアウォールで、受信（以下インバウンド）と送信（以下アウトバウンド）のアクセス制御ができます。各インスタンスには少なくとも 1 つのセキュリティグループを適用する必要があります。インバウンドでは、送信元の IP アドレスと、アクセスを受け付けるポート番号へのアクセスを許可します。アウトバウンドでは、送信先の IP アドレスと、アクセス先のポート番号へのアクセスを許可します。デフォルトでインバウンドは許可されているルールがないため、どこからのアクセスも受け付けません。一方、アウトバウンドは、デ

フォルトで全ての宛先／ポート番号に対するアクセスを許可するルールが設定されています。

　ネットワーク ACL は、サブネットごとのファイアウォールで、セキュリティグループと同様にインバウンドとアウトバウンドのアクセス制御ができます。指定した送信元／送信先の IP アドレスとポート番号のアクセスを許可するだけでなく、拒否することも可能で、各ルールに優先順位をつけて設定します。デフォルトでは全てのインバウンドとアウトバウンドを許可するルールが設定されています。

　セキュリティグループとネットワーク ACL の違いを次の表 4-3-1 でまとめます。

表 4-3-1　セキュリティグループとネットワーク ACL の違い

	セキュリティグループ	ネットワーク ACL
適用単位	EC2 や RDS、ELB など、インスタンス単位	サブネット単位
作成 (追加) 可能なルール	許可のみ	許可／拒否
デフォルトルール（作成時）	インバウンド：すべて拒否 アウトバウンド：すべて許可	インバウンド：すべて許可 アウトバウンド：すべて許可
特徴	ステートフル	ステートレス

　セキュリティグループとネットワーク ACL の違いの 1 つに、ステートフル／ステートレスがあります。セキュリティグループはステートフルなファイアウォールであり、アウトバウンドで許可されて送出したトラフィックの情報を保持しているため、その戻りのトラフィックはインバウンドで許可しなくとも受け付けます。その逆も同様で、インバウンドで許可して受信したトラフィックの戻りのトラフィックはアウトバンドで許可しなくとも送出できます。これに対して、ネットワーク ACL はステートレスであるため、戻りのトラフィックを通すには、インバウンド／アウトバンドの設定で許可しておく必要があります。

> **試験のポイント！**
>
> セキュリティグループとネットワーク ACL の違いを押さえて、ファイア
> ウォールによるトラブルシューティングに対応できるようにする

 セキュリティグループのインバウンド／アウトバウンドの送信元／送信先と
して、セキュリティグループの ID を指定することができます。セキュリティ
グループ ID を指定すると、そのセキュリティグループが適用されているイン
スタンスから／へのアクセスを許可できます。

4-4　VPC ピア接続

VPC ピア接続とは、2 つの VPC を接続する機能です。たとえば、本番環境
と開発環境で異なる VPC にシステムを構築する場合があります。本番環境と
開発環境の VPC を分けているものの、本番環境と開発環境の間で通信する必
要がある場合には、VPC ピア接続を利用し、プライベート IP で通信を行いま
す。2 つの VPC 間で VPC ピア接続を確立すると、双方の VPC に PCX とい
うゲートウェイに相当するものが作成されます。そして、ルートテーブルの
設定で送信先のターゲットとして PCX を設定することにより、各 VPC 内の
サブネット間でプライベート IP での通信が可能になります（図 4-4-1）。

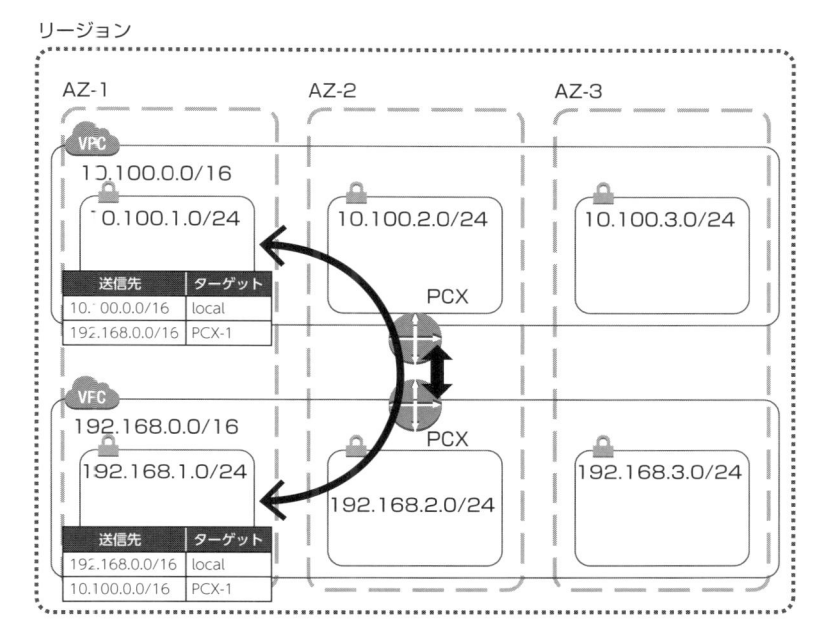

図 4-4-1 VPC ピア接続とルートテーブル

なお、VPC ピア接続には、次の制約があります。

- 接続する VPC は同じリージョンに存在する必要がある
- 接続する VPC のプライベートネットワークアドレス空間は重複していない
- 1 対 1 の接続である

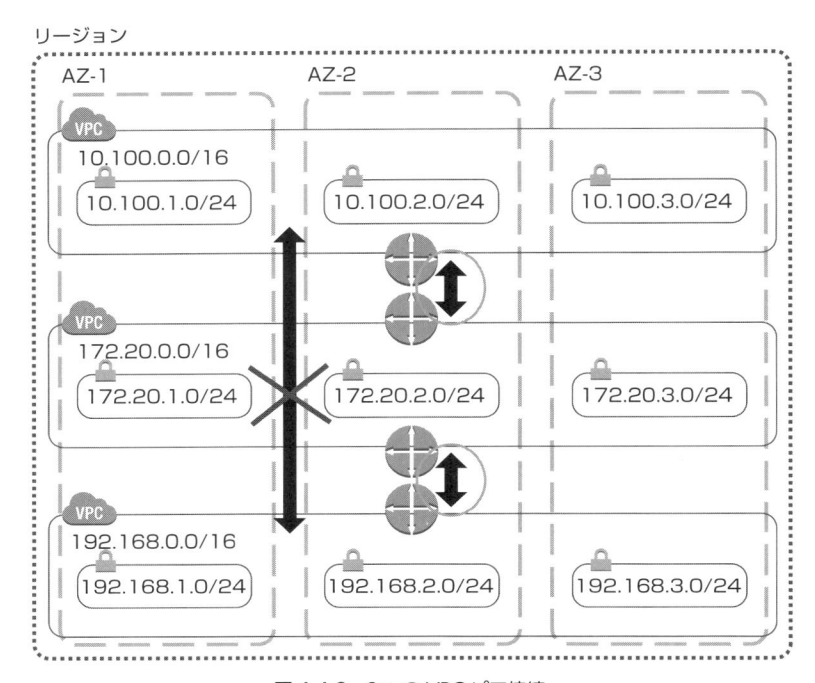

図 4-4-2　3 つの VPC ピア接続

　図 4-4-2 において、VPC-A、VPC-B、VPC-C の 3 つの VPC は、すべて同じ
リージョンに存在しています。また、各 VPC のネットワークアドレス空間同
士は重複していません。このとき、VPC-A と VPC-B、VPC-B と VPC-C の間
で VPC ピア接続を確立しても、VPC-A の EC2 インスタンスから VPC-C の
EC2 インスタンスにプライベート IP アドレスで直接アクセスすることはでき
ません。VPC-A の EC2 インスタンスから VPC-C の EC2 インスタンスにプラ
イベート IP アドレスでアクセスするには、VPC-A と VPC-C の間で直接 VPC
ピア接続を確立する必要があります。

試験のポイント！

VPC ピア接続の特徴／制約を押さえる

章末問題

Q1 サブネットの特徴についての次の記述のうち、正しいものはどれか?

○ **A** 7つのベストプラクティスの1つである「故障に備えた設計で障害を回避」を実践するために、サブネットは複数の AZ にまたがって作成することが推奨されている。

○ **B** サブネットを作成する際、パブリックサブネット機能を有効化することで、インターネットと通信が可能なパブリックサブネットを作成することができる。

○ **C** 異なる AZ に作成されたサブネット間の通信も、デフォルトのルーティングルールで許可されており、ルーティングルールでは通信を制限することができない。

○ **D** パブリックサブネット内のインスタンスとプライベートサブネット内のインスタンスの通信を許可するには、セキュリティグループ、ネットワーク ACL とルートテーブルの3つ全ての設定を見直す必要がある。

Q2 プライベートサブネット内の EC2 インスタンスがインターネットにアクセスするのに不要な手順はどれか?

○ **A** インターネットゲートウェイを VPC にアタッチする。

○ **B** NAT インスタンスを作成し、NAT インスタンスの送信先／送信元チェックを無効化する。

○ **C** インターネットにアクセスさせるプライベートサブネット内の EC2 インスタンスに、Elastic IP をアタッチする。

○ **D** プライベートサブネットのルートテーブルの送信先 0.0.0.0/0 のターゲットに NAT インスタンスを設定する。

Q3 パブリックサブネット内の Web サーバの EC2 インスタンスにインターネットから HTTP アクセス（80 番ポート）ができない。確認不要な設定はどれか？

○ **A** Web サーバのセキュリティグループのインバウンドで、80 番ポートへのアクセスが許可されていることを確認する。

○ **B** Web サーバのセキュリティグループのアウトバウンドで、戻りのトラフィックの通過が許可されていることを確認する。

○ **C** パブリックサブネットのネットワーク ACL のインバウンドで、80 番ポートへのアクセスが許可されていることを確認する。

○ **D** パブリックサブネットのネットワーク ACL のアウトバウンドで、戻りのトラフィックの通過が許可されていることを確認する。

Q4 VPC ピア接続の正しい利用方法はどれか？

○ **A** 災害対策で 2 つのリージョンに同じシステムを構築した。リージョン間のデータの同期のために、各 VPC をピア接続で接続した。

○ **B** 本番環境と開発環境を同一のネットワーク環境（同じプライベート CIDR ブロック）としたいため、VPC を分けて作成した。本番環境で発生した障害を開発環境で検証するために、本番環境と開発環境を VPC ピア接続で接続した。

○ **C** オンプレミスのデータセンタと VPC-A が VPN 接続されている。VPC-B 内の EC インスタンスにオンプレミスのデータセンタから VPN を介してセキュアに接続するために、オンプレミスのデータセンタ内のルーティングルールで VPC-B 宛を追加し、VPC-A と VPC-B を VPC ピア接続で接続した。

○ **D** プライベートネットワークアドレスが 10.200.0.0/16 の VPC-A と 192.168.0.0/16 の VPC-B を VPC ピア接続で接続したところ、PCX-1 が作成された。そこで、VPC-A のルートテーブルに「送信先 192.168.0.0/16 のターゲットとして PCX-1」を追加し、VPC-B のルートテーブルに「送信先 10.200.0.0/16 のターゲットとして PCX-1」を追加した。

答え

A1　C

サブネットは AZ をまたがって作成することはできません。

パブリックサブネットかプライベートサブネットかを決定するのは、ルートテーブルの設定です。

VPC 内のすべてのサブネット間の通信はデフォルトのルーティングルールで許可されており、変更や削除はできません。

A2　C

プライベートサブネット内の EC2 インスタンスにグローバル IP アドレスをアタッチしても、ルーティングルールにより、そのグローバル IP アドレスにアクセスすることはできません。

A3　B

セキュリティグループはステートフルのため、戻りのトラフィックについてはルールを確認する必要はありません。

A4　D

VPC ピア接続は接続する 2 つの VPC が同一リージョンに存在する必要があります。また、プライベートネットワークアドレス空間は重複できません。VPC ピア接続は 1 対 1 であり、ある VPC を経由して別の VPC とピア接続することはできません。

第 5 章

AWS におけるコンピューティング
(EC2／AMI／EBS／インスタンスストア)

AWS におけるコンピューティングについて

　AWS における仮想サーバ（マシン）を、EC2 と言います。EC2 は AWS の主要サービスの 1 つで、AWS を使う上で最も基本的で AWS の核となるサービスといっても過言ではありません。認定試験においても、EC2 は様々な分野にまたがって関わり、出題されます。

　本章では、EC2 と EC2 の仮想マシンイメージである AMI、そしてデータを格納するブロックデバイスである EBS／インスタンスストアについて解説します。

5-1　EC2 の初回起動と設定

　Amazon Elastic Compute Cloud（以下 EC2）は、AWS における仮想サーバ（マシン）のことです。EC2 の特徴の 1 つとして、必要なときに必要な台数を起動し、必要がなくなれば解放することが挙げられます。これにより、負荷の増減に対応でき、コンピューティングリソースコストの削減が実現されます。このサービスにおける費用の支払い方法としては、起動していた時間に応じた金額を支払うオンデマンドの従量課金制と、長期利用契約でオンデマンドよりも安く利用できるリザーブドインスタンス、入札形式のスポットインスタンスの 3 種類がありますが、これらについては後の章で説明します。

　EC2 インスタンスは、VPC のサブネット内で起動する AZ サービスです。

　マネージメントコンソールから EC2 インスタンスを初回起動（作成）する手順（ステップ）は、次のとおりです。

① Amazon Machine Image（以下 AMI）の選択
② インスタンスタイプの選択
③ ネットワーク／IAM ロール／ユーザデータなどの設定（インスタンスの詳細設定）
④ ストレージの設定
⑤ タグ付け
⑥ セキュリティグループの設定
⑦ ここまでの設定の確認
⑧ キーペアの選択

① AMI の選択

　AMI は、EC2 インスタンスを初回起動（作成）する際に必要となる仮想マシンイメージです。EC2 インスタンスの OS が格納されるボリュームを AWS ではルートボリュームといいますが、AMI にはルートボリュームのテンプレート（OS データ）や、ルートボリューム以外のボリュームのマッピング情報などが含まれています。AMI には、AWS から提供される Windows Server や各種 Linux ディストリビューションの他、AWS

Marketplace で購入できる各種ソフトウェアのインストール済みのイメージや、利用者が作成したカスタム AMI を利用できます。利用者は、任意のタイミングで、現在利用している EC2 インスタンスのカスタム AMI（仮想マシンのバックアップ）を取得できます。

② **インスタンスタイプの選択**

インスタンスタイプは、EC2 インスタンスのマシンスペックを規定する仮想 CPU コア数やメモリ容量などの組み合わせで、そのバランスによって、**インスタンスファミリー**と呼ばれるグループに分けられます。インスタンスファミリーと各ファミリーに属する 2016 年 1 月時点での現行世代のインスタンスタイプは、表 5-1-1 のとおりです。

表 5-1-1　インスタンスファミリーと現行世代インスタンスタイプ

インスタンスファミリー	インスタンスタイプ
汎用（バランス重視）	t2.nano、t2.micro、t2.small、t2.medium、t2.large m4.large、m4.xlarge、m4.2xlarge、m4.4xlarge、m4.10xlarge m3.medium、m3.large、m3.xlarge、m3.2xlarge
コンピューティングの最適化（CPU 重視）	c4.large、c4.xlarge、c4.2xlarge、c4.4xlarge、c4.8xlarge c3.large、c3.xlarge、c3.2xlarge、c3.4xlarge、c3.8xlarge
GPU	g2.2xlarge、g2.8xlarge
メモリの最適化	r3.large、r3.xlarge、r3.2xlarge、r3.4xlarge、r3.8xlarge
ストレージの最適化	i2.xlarge、i2.2xlarge、i2.4xlarge、i2.8xlarge d2.xlarge、d2.2xlarge、d2.4xlarge、d2.8xlarge

t や m などの後の数字はインスタンスタイプの世代を示しており、その後の文字はマシンスペックの規模を示しています。例えば、m4.large は仮想 CPU コア数が 2、メモリが 8GiB のスペックになります。また、m4.xlarge は仮想 CPU コア数が 4、メモリが 8GiB のスペックです。

③ **ネットワーク／IAM ロール／ユーザデータなどの設定（インスタンスの詳細設定）**

このステップでは、EC2 インスタンスを起動する VPC やサブネット（4 章）を選択し、必要に応じて動的なグローバル IP アドレスである Public IP（4 章）や IAM ロール（3 章）を割り当てたり、ユーザデータを設定したりします。

　ユーザデータは OS の起動スクリプトのようなもので、EC2 インスタンスの初回起動時（作成時）に実行したい処理を設定します。例えば、Web サーバとして利用する EC2 インスタンスを初回起動（作成）する際に、ユーザデータで「Apache Web サーバをインストールして、Web サービスを起動し、OS 再起動時にも Web サービスが起動する」ように設定することができます。

　ユーザデータの中で、固定のグローバル IP アドレスである Elastic IP（4章）を初回起動してくる EC2 インスタンスに関連付ける設定もできます。その場合、「aws ec2 associate-address」というコマンドを使用しますが、コマンドの引数には EC2 インスタンスのインスタンス ID またはネットワークインタフェースの ID が必要になります。インスタンス ID は、EC2 インスタンスが作成されてから割り振られる固有の ID で、ユーザデータを設定する時点では値が決まっていないため、記述することができません。この問題を解決する手段として、**メタデータ**を利用することができます。メタデータは、インスタンス ID や IP アドレス、ホスト名など EC2 インスタンス自身に関するデータで、実行中の EC2 インスタンスは、設定や管理のためにメタデータを利用することができます。主なメタデータとして、表 5-1-2 のようなものがあります。

表5-1-2　主なメタデータ

メタデータ	説明
ami-id	インスタンスの作成に使用された AMI ID
hostname	ホスト名
iam/security-credentials/role-name	IAM ロール名
instance-id	インスタンスの ID
local-ipv4	プライベート IP アドレス
public-ipv4	Public／Elastic IP アドレス

> **試験のポイント！**
>
> ユーザデータおよびメタデータの用途と、メタデータで参照できる主要なデータを押さえる！

④ ストレージの設定

EC2 インスタンスに接続するストレージデバイス（ブロックストレージ）を設定します。デフォルトで EC2 インスタンスに接続しているストレージデバイスには、OS がインストールされます。ストレージデバイスには、EBS とインスタンスストアの 2 種類があり（5-3 参照）、これらを追加で接続することができます。EBS の追加は EC2 インスタンスの初回起動後でも可能ですが、インスタンスストアを追加できるのは EC2 インスタンスの初回起動時のみです。

EBS ボリュームは、EBS のタイプ（5-4 参照）によりますが、1GiB から 16TiB のサイズのものを作成できます。インスタンスストアについては、インスタンスタイプによって作成できるボリュームサイズと本数が決まっており、インスタンスストアが接続できないインスタンスタイプもあります。

⑤ タグ付け

EC2 インスタンスなど、AWS 上に作成したリソースには、**タグ**を付けることができます。タグは、キーと値のペアで構成され、例えば、「Name」キーに「Web Server」値というタグを EC2 インスタンスに付けると、そのタグを元に検索をかけたり、コマンドで操作する際の絞込み条件として指定することができます。

⑥ セキュリティグループの設定

EC2 インスタンスのファイアウォールである**セキュリティグループ**の設定をします。EC2 インスタンスには、少なくとも 1 つのセキュリティグループを適用する必要があり、このステップで新しいセキュリティグループを作成することも、既存のセキュリティグループを設定することもできます。

⑦ ここまでの設定の確認

ステップ①から⑥までの手順で設定した内容を確認します。

⑧ キーペアの選択

AWS では、EC2 インスタンスにログインするためにデフォルトではキーペアを利用します。図 5-1-1 のようにあらかじめキーペアを作成しておく

と、公開鍵と秘密鍵のペアのうち、公開鍵は AWS 上に保管され、秘密鍵
はローカルにダウンロードされます。

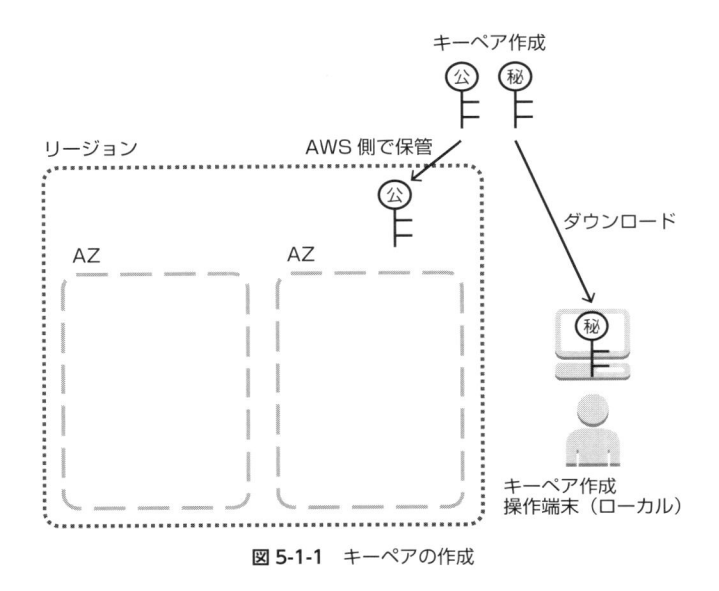

図 5-1-1　キーペアの作成

EC2 インスタンスを初回起動する際には、キーペアを選択でき、AWS
上に保管されている公開鍵がその EC2 インスタンスに埋め込まれま
す。キーペアは、図 5-1-2 に示すように、EC2 インスタンスの OS が
Linux の場合 SSH の認証に利用し、Windows の場合は暗号化されている
Administrator ユーザのパスワードの復号化に利用します。

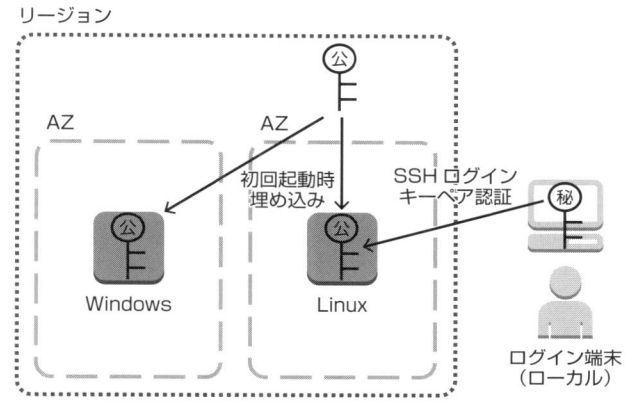

リージョン

AZ

AZ

初回起動時
埋め込み

SSH ログイン
キーペア認証

Windows

Linux

ログイン端末
（ローカル）

図 5-1-2　キーペア認証とパスワード復号化

5-2 EC2 インスタンスのライフサイクル

EC2 インスタンスは、図 5-2-1 のように 7 つの状態を遷移します。

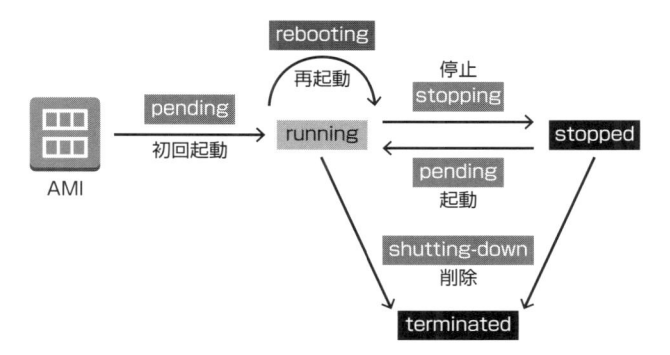

rebooting

再起動

pending

初回起動

running

停止
stopping

pending
起動

stopped

AMI

shutting-down

削除

terminated

図 5-2-1　EC2 インスタンスの状態遷移

　EC2 インスタンスは、初回起動をかけると pending 状態になり、起動処理
が終了すると running 状態になります。ただ、running 状態になっても、次
の 2 種類のステータスチェックがかかってその間は EC2 インスタンスにアク

セスできない場合があります。

- System Status Checks：インフラストラクチャ（HW、ハイパーバイザ）のチェック
- Instance Status Checks：OS のチェック

この 2 つのステータスチェックに通ると、「2/2 checks passed」となり、EC2 インスタンスが正常起動していることがわかります。

オンデマンドの EC2 インスタンスの利用料金は、running になった時点から発生し、stopped あるいは terminated になるまで発生します。

5-3　EBS とインスタンスストア

EC2 インスタンスに接続できるブロックストレージには、次の 2 種類があります。

- Amazon EBS（Elastic Block Store）
- インスタンスストア（インスタンスストレージ）

EBS は、AZ 内に作成されるネットワーク接続型のブロックストレージで、**不揮発性**（永続的なデータボリューム）という特徴があります。一方、**インスタンスストア**は、EC2 インスタンスの物理ホストの内蔵ストレージで、**揮発性**（一時的なデータボリューム）という特徴があり、EC2 インスタンスを停止すると保存されていたデータは削除されます。

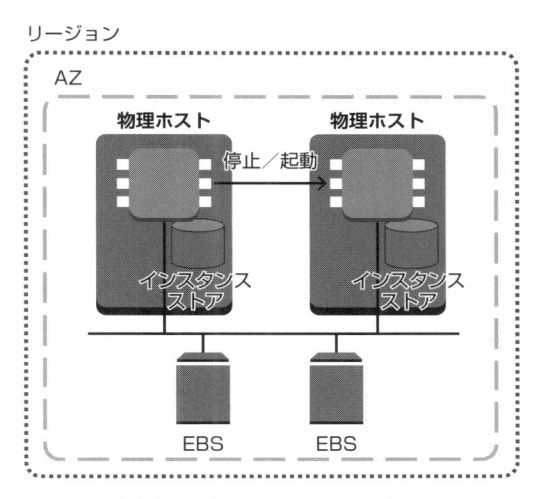

図 5-3-1 EBS とインスタンスストア

　デフォルトで EC2 インスタンスを一度停止し、再び起動すると、図 5-3-1 の
ように物理ホストが変わるため、インスタンスストアは揮発性という特徴が
あります。EBS とインスタンスストアには他にも表 5-3-1 のような違いがあ
ります。性能を表す IOPS は Input Output Per Second の略で、1 秒あたりの
処理できる読み書きの回数です。

表 5-3-1 EBS とインスタンスストアの違い

	EBS	インスタンスストア
データ特性	不揮発性	揮発性
性能	数百〜20,000 IOPS	最大 300,000 IOPS
価格	$/GB	無料 (EC2 の料金に含まれる)

重要！

ブロックストレージには EBS とインスタンスストアの 2 種類があり、不揮
発性と揮発性という違いがある！

　EBS とインスタンスストアの違いに起因して、EC2 インスタンスには
「**EBS-backed インスタンス**」と「**instance store-backed インスタンス**」
という 2 つのタイプがあります。両者の違いは、OS がインストールされる

ルートボリュームがEBSか、あるいはインスタンスストアかです（図5-3-2）。

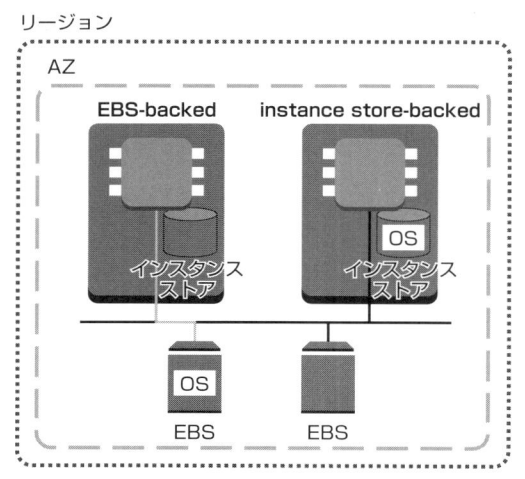

図5-3-2　EBS-backedインスタンスとinstance store-backedインスタンス

　EBSの特徴から、EBS-backedインスタンスは停止と起動、再起動、削除ができます。これに対して、インスタンスストアの特徴から、instance store-backedインスタンスは再起動と削除しかできません。EBS-backedインスタンスとinstance store-backedインスタンスはAMIが異なっており、AMIごとにEBS-backedインスタンス用のものか、instance store-backedインスタンス用のものかが決まっています。instance store-backedインスタンスは、「s3-backedインスタンス」という別名で呼ばれることもあります。

> **試験のポイント！**
>
> EBS-backedインスタンスとinstance store-backedインスタンスの特徴を押さえる！

5-4 EBS のタイプ

EBS には、General Purpose SSD、Provisioned IOPS SSD、Magnetic（磁気ディスク）という 3 つのタイプがあります。これらは表 5-4-1 に示すように、性能面や費用面、それに伴う用途などに違いがあります。

表 5-4-1　EBS の 3 タイプ

	General Purpose SSD	Provisioned IOPS SSD	Magnetic
ボリュームサイズ	1GiB〜16TiB	4GiB〜16TiB	1GiB〜1TiB
IOPS	3 IOPS/GB のベースパフォーマンス 最大 10,000 IOPS ベースパフォーマンスが 3,000 IOPS 未満の場合、3,000 IOPS までのバースト機能	容量 (GB) の 30 倍までの IOPS を指定 最大 20,000 IOPS	平均 100 IOPS
価格	・容量のみ	・容量 ・指定した性能 (IOPS)	・容量 ・発生した IO 数
ユースケース	一般 (汎用)	10,000 IOPS を超える性能が求められるアプリ・DB など	IO があまり発生せず、コストが重視されるマシン

Provisioned IOPS SSD は EBS ディスク性能を高めることができますが、EBS はネットワーク接続型のストレージのため、ネットワークがボトルネックになります。通常の EC2 インスタンスでは、業務ネットワークの帯域と EBS のディスク I/O の帯域が競合した状態になっています。この対策として、EC2 インスタンスを「**EBS 最適化インスタンス**」というタイプで起動すれば、EBS のディスク I/O 専用の帯域が確保され、EBS のディスク I/O が安定化します（図 5-4-1）。Provisioned IOPS SSD では、EBS の高いディスク I/O 性能を活かすためにも、接続する EC2 インスタンスを EBS 最適化インスタンスとすることが推奨されています。

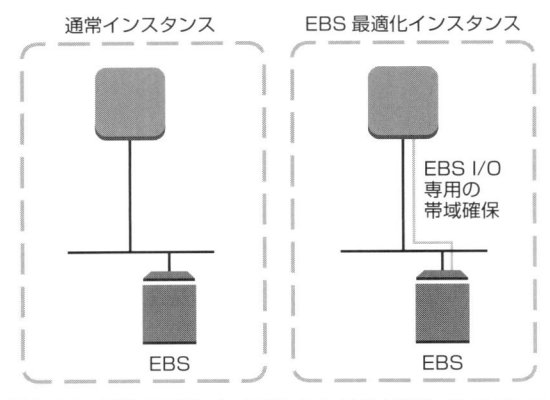

通常インスタンス　　　　　　EBS 最適化インスタンス

EBS I/O
専用の
帯域確保

EBS　　　　　　　　　　EBS

図 5-4-1　通常の EC2 インスタンスと EBS 最適化インスタンス

試験のポイント！

EBS ボリュームタイプの性能の違いと EBS 最適化インスタンスの使いど
ころを押さえる！

 補足　2016 年 4 月にスループット最適化 HDD と Cold HDD というボリュームタ
イプが利用できるようになりましたが、本書では割愛します。

5-5　EBS スナップショット

　EBS ボリュームは、任意のタイミングで**スナップショット**を作成すること
ができます。スナップショットは S3 に保存される EBS 内のデータのバック
アップで、耐久性の高い S3 にバックアップをとることで、EBS 内のデータ喪
失を防ぐことができます。スナップショットで S3 に保存されるデータは圧
縮されており、また差分のデータのみが保存されていくため、毎日スナップ
ショットを取得したとしても、バックアップストレージに要する費用を低く抑
えることができます。

　スナップショットを取得する際、データの整合性を保つためにディスク I/
O を停止する必要があり、Linux であれば対象の EBS ボリュームをアンマウ
ントしてからスナップショットを取得することが推奨されています。ただし、
スナップショットは取得開始時点の EBS ボリューム内のデータをすべてキャ

プチャして、それ以降の書き込みはキャプチャ対象外となるため、スナップショット取得開始後は、取得完了を待たずに再びマウントして使用することができます。

　スナップショットから EBS ボリュームを復元（作成）する際は、元となった EBS ボリュームとは異なる AZ や EBS のタイプ、また元となった EBS ボリュームのサイズよりも大きいディスクサイズを指定して復元（作成）することができます。

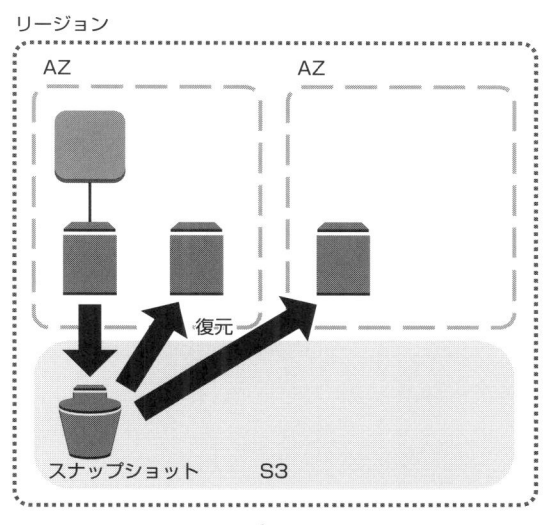

図 5-5-1　スナップショットの作成と復元

試験のポイント！

EBS スナップショットの特徴を押さえる！

　EBS ボリュームは AZ サービスであり、ある AZ 内に作成された EBS ボリュームは図 5-5-2 のように、同じ AZ 内の EC2 にのみアタッチすることができます。

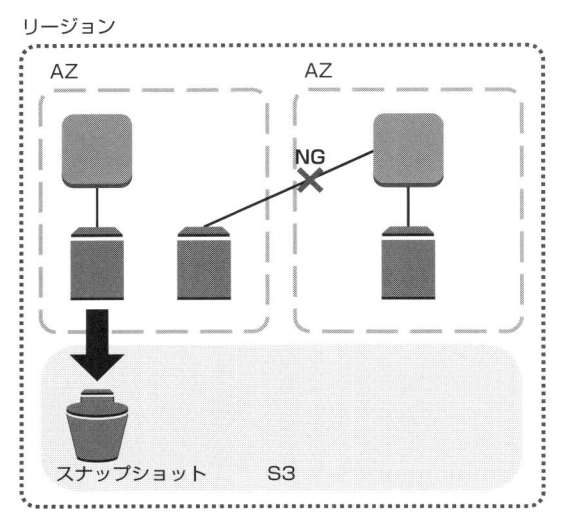

図 5-5-2　AZ をまたいだ EBS ボリュームの接続不可

　別の AZ やリージョンで同じデータが格納されている EBS ボリュームを使用したい場合は、スナップショットを利用します。図 5-5-3 のように、スナップショットから別の AZ に EBS ボリュームを復元したり、あるいはスナップショットを別のリージョンにコピーして、そこから EBS ボリュームを復元し、その EBS ボリュームを EC2 インスタンスにアタッチします。

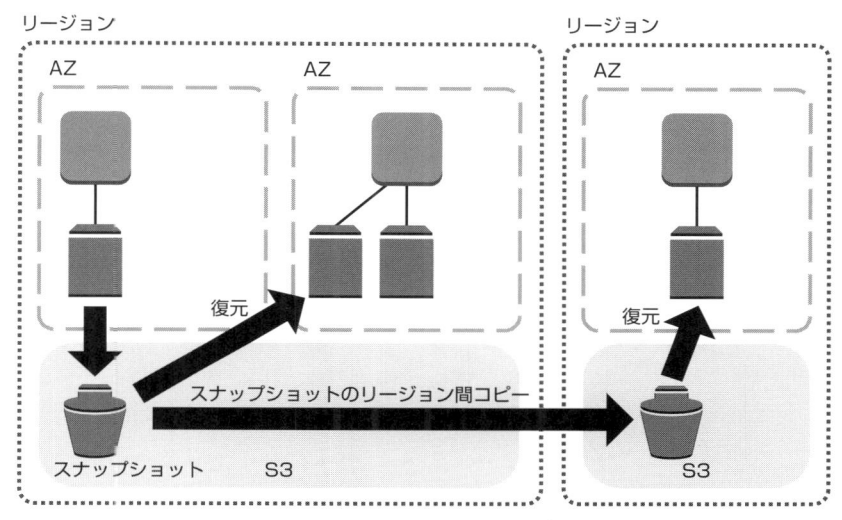

図5-5-3 AZ／リージョンをまたいだEBSボリュームの復元

試験のポイント！

EBSスナップショットを介したAZ／リージョン間のEBSボリュームの
複製の流れを押さえる。

5-6 プレイスメントグループ

　AWSのリージョンにある各AZは、自然災害などに対しても冗長性を担保
するために、互いに地理的に離れた場所に存在しています。そのため、リー
ジョン内のAZ間は専用線で接続されているものの、異なるAZ内のEC2イ
ンスタンスへのアクセスには多少の遅延が発生します。そこで、ある単一AZ
に**プレイスメントグループ**というものを作成し、その中にEC2インスタン
スを作成すると、プレイスメントグループ内のEC2インスタンス間のネット
ワーク接続を高速化することができます。ただし、プレイスメントグループ
ではネットワークの高速化のために冗長性を犠牲にしているので、使用用途
について注意が必要です。

> **試験のポイント！**
>
> プレイスメントグループ内に EC2 インスタンスを起動することで、EC2 インスタンス間のネットワーク接続を高速化できる。

5-7 Dedicated インスタンス

　EC2 インスタンスは、デフォルトでは AZ の中の任意の物理ホストの上で起動します。ある物理ホストの上には、ハイパーバイザによって厳格に分離された形で複数の異なるアカウントの EC2 インスタンスが同時に起動しています。EC2 インスタンス上で利用するソフトウェアのライセンスによっては、ソフトウェアをインストールするサーバのハードウェアを利用者が専有していることを求めている場合があります。また、コンプライアンス上、利用している EC2 インスタンスと他者の EC2 インスタンスが同じ物理ホストで共存することを許していない場合もあります。このような要件には、Dedicated インスタンス（ハードウェア専有インスタンス）を利用することで対応が可能になります。Dedicated インスタンスは、EC2 インスタンスを起動する物理ホストに、別のアカウントの EC2 インスタンスが起動しないことを保証します。これにより、上記の要件を満たすことができますが、EC2 インスタンスの時間あたりの利用料金に加えて、リージョンごとの専有料金が発生します。

　補足　2015 年 11 月に Dedicated ホストという、物理ホストをアカウントに割り当てておき、その中に EC2 インスタンスを起動していくサービスが利用できるようになりましたが、本書では割愛します。

章末問題

Q1 EC2 インスタンスの初回起動時にソフトウェアをインストールしたり、サービスを起動したりすることを指定する EC2 のデータはどれか？

- ○ **A** メタデータ
- ○ **B** 起動スクリプト
- ○ **C** rc.ec2
- ○ **D** ユーザデータ

Q2 インスタンス ID や IP アドレスなど、EC2 インスタンス自身に関する情報が格納されており、EC2 インスタンスの初回起動時の設定などに用いられる EC2 のデータはどれか？

- ○ **A** メタデータ
- ○ **B** 起動スクリプト
- ○ **C** rc.ec2
- ○ **D** ユーザデータ

Q3 EBS ボリュームに格納しているデータが削除されるタイミングとして正しい選択肢はどれか？

- ○ **A** EC2 インスタンス再起動時
- ○ **B** EC2 インスタンス停止時
- ○ **C** EC2 インスタンス削除時（EBS ボリュームの Delete on Termination はオフ）
- ○ **D** OS からデータの削除処理を行った時

Q4 インスタンスストアに格納しているデータが削除されるタイミングとして正しい選択肢はどれか？正しい選択肢を**全て**選べ。

- ☐ **A** EC2 インスタンス再起動時
- ☐ **B** EC2 インスタンス停止時
- ☐ **C** EC2 インスタンス削除時（EBS ボリュームの Delete on Termination はオフ）

☐ **D** OS からデータの削除処理を行った時

Q5 EBS-backed インスタンスにはできるが、instance store-backed インスタンスにはできない操作はどれか？

○ **A** EC2 インスタンス再起動

○ **B** EC2 インスタンス停止

○ **C** EC2 インスタンス削除

○ **D** OS からのシャットダウン（停止）

Q6 Provisioned IOPS タイプの EBS ボリュームを利用して、安定した IO 性能をアプリケーションに提供したい。推奨される構成として正しい選択肢はどれか？

○ **A** Provisioned IOPS の EBS ボリュームを 4 本以上用意し、ソフトウェア RAID によって RAID5 を組む。

○ **B** Provisioned IOPS 最適化 EC2 インスタンスを起動して、Provision IOPS の EBS ボリュームをその EC2 インスタンスにアタッチする。

○ **C** EBS 最適化 EC2 インスタンスを起動して、Provisioned IOPS の EBS ボリュームをその EC2 インスタンスにアタッチする。

○ **D** Provisioned IOPS の EBS ボリュームを 2 本用意し、ソフトウェア RAID によって RAID1 を組む。

Q7 EBS データボリューム（非ルートボリューム）のスナップショット取得方法として、適切な選択肢はどれか？

○ **A** 対象となる EBS ボリュームへのディスク I/O は気にせずに、スナップショットの取得を開始する。

○ **B** 対象となる EBS ボリュームへのディスク I/O が少なくなる時間帯に、スナップショットの取得を開始する。

○ **C** 対象となる EBS ボリュームをアンマウントし、スナップショットの取得を開始する。開始後はスナップショットの取得完了を待たずに EBS ボリュームを再びマウントして、ディスク I/O を再開する。

○ **D** 対象となる EBS ボリュームをアンマウントし、スナップショットの取得を開始する。スナップショットの取得完了を待って EBS ボリュームを再びマウントして、ディスク I/O を再開する。

Q8 EBS ボリュームの特徴 (取り扱い) として、正しい選択肢はどれか？

○ **A** EBS ボリュームは同じ VPC 内の EC2 インスタンスであれば、どの EC2 インスタンスにでもアタッチ (接続) することができる。

○ **B** ある EBS ボリュームを他のリージョンの EC2 インスタンスにアタッチ (接続) したい場合、EBS ボリュームのリージョン間コピーを利用して、該当リージョンにコピーする。

○ **C** ある EBS ボリュームを同じリージョン内の別の AZ の EC2 インスタンスにアタッチしたい場合は、EBS ボリュームの AZ 間コピーを利用して、該当 AZ にコピーする。

○ **D** ある EBS ボリュームを同じリージョン内の別の AZ の EC2 インスタンスにアタッチしたい場合は、一度スナップショットを作成し、そのスナップショットから新たな EBS ボリュームを作成する。

Q9 プレイスメントグループの特徴を示した選択肢はどれか？

○ **A** 単一の AZ 内に作られたグループで、そのグループ内に起動した EC2 インスタンス間のネットワークアクセスを高速化する。

○ **B** 単一のリージョン内に作られたグループで、そのグループ内に起動した EC2 インスタンス間のネットワークアクセスを高速化する。

○ **C** 単一の AZ 内に作られたグループで、そのグループ内に起動した EC2 インスタンス間の通信が自動的に暗号化される。

○ **D** 単一のリージョン内に作られたグループで、そのグループ内に起動した EC2 インスタンス間の通信が自動的に暗号化される。

Q10 Dedicated インスタンスの特徴を示した選択肢はどれか？

○ **A** ネットワーク接続型のストレージである EBS ボリュームとの間に、ディスク I/O 専用の帯域を確保し、ディスク I/O を安定化させる EC2 インスタンス。

○ **B** 特定の AZ 内で、特定のインスタンスタイプを 1 年あるいは 3 年の契約で低価格で利用できる EC2 インスタンス。

○ **C** 特定の AZ における市場価格に対して、その市場価格を上回る価格で入札し、低価格で利用できる EC2 インスタンス。

○ **D** EC2 インスタンスを起動する物理ホストにおいて、自アカウント以外の EC2 インスタンスが起動しないことを保証された EC2 インスタンス。

答え

A1　D

A　メタデータは、EC2 インスタンス自身のデータです。

B　起動スクリプトでもソフトウェアのインストールやサービスの起動はできますが、これは EC2 ではなく、OS 内の機能（スクリプト）です。

C　rc.ec2 という機能はありません。

A2　A

Q1. と同じです。

ユーザデータには、EC2 インスタンスの初回起動時に実行させたい処理を記述することができます。

A3　D

EBS ボリュームは、永続的なデータ格納ボリュームであり、OS から明示的な削除処理を行わない限り削除されません。Delete on Termination オプションがオンであれば、EC2 インスタンス削除時に EBS ボリュームも同時に削除しますが、そうでなければ EC2 の存続に関係なく、EBS ボリュームはデータを保持したまま残ります。

A4　B、C、D

インスタンスストアは、揮発性のボリュームのため、EC2 インスタンスを停止あるいは削除するとデータは失われます。インスタンスストアの存続に EBS ボリュームの Delete on Termination 設定は関係ありません。

A5　B

Instance store-backed インスタンスは、ルートボリュームがインスタンスストア（揮発性のボリューム）のため、EC2 インスタンスを停止することができません。OS からシャットダウン（停止）操作が行えますが、シャットダウン（停止）した場合は、停止と同時に EC2 インスタンスが削除されます。

A6　C

A　RAID5（分散パリティ）は、性能に影響を与えるため、非推奨となっています。

B　Provisioned IOPS 最適化 EC2 インスタンスというものはありません。

D　EBS は内部的に冗長化されているので、RAID1（ミラーリング）は不要です。

A7 C

A、B　スナップショットを取得する際は、データの静止点を設けて取得します。
C、D　スナップショット取得開始後は、ディスクアクセスしても問題ありません。

A8 D

A　EBS ボリュームは、同じ AZ 内の EC2 インスタンスにのみアタッチすることができます。VPC は複数の AZ にまたがって作成されるため、誤りです。
B　EBS ボリュームには、リージョン間コピー機能はありません。別リージョンでも同じデータが格納された EBS ボリュームを利用したければ、スナップショットを取得して、スナップショットをリージョン間コピーし、そのコピーから EBS ボリュームを復元します。
C　EBS ボリュームには、AZ 間コピー機能もありません。別 AZ で同じデータが格納された EBS ボリュームを利用したければ、スナップショットを取得して、スナップショットから EBS ボリュームを復元します。

A9 A

プレイスメントグループは、単一の AZ 内に作られるグループで、その中に起動した EC2 インスタンス間の通信を高速化します。

A10 D

A　EBS 最適化インスタンスのことです。
B　リザーブドインスタンスのことです。
C　スポットインスタンスのことです。
D　Dedicated インスタンスは、自アカウントで物理ホストを専有し、他アカウントの EC2 インスタンスが同じ物理ホストで起動しないことを保証することで、ソフトウェアライセンスやコンプライアンスに対応できます。

第 6 章

オブジェクトストレージ
(S3 ／ Glacier)

オブジェクトストレージについて

　AWS において、ストレージの中心的な役割を果たしている
サービスは S3 というオブジェクトストレージです。S3 には
システムの様々なデータを保存することができ、また S3 を介
して別のシステムやデータ分析処理に受け渡すこともできま
す。認定試験においては、S3 の用途や特徴について出題され
ます。

　また、AWS のオブジェクトストレージには、この他に
Glacier があり、S3 との使い分けについても押さえておく必要
があります。

　本章では、オブジェクトストレージである S3 と Glacier に
ついて解説します。

6-1 S3 バケット／オブジェクトとストレージクラス

Amazon Simple Storage Service（以下 **S3**）は、安価で非常に耐久性があるオブジェクトストレージ[注1] で、AWS 上のストレージの中で中心的な役割を果たしています。S3 にデータを保存するには、特定のリージョンにバケットと呼ばれる格納先を作成し、その中に Key-Value Store 形式でファイルをアップロードします。S3 バケットにファイルをアップロードすると、キーを付与したオブジェクトとして保存されます。各オブジェクトには URL が付与され、適切なアクセス権限を設定することによって HTTPS によるアクセスが可能になります。1 オブジェクトあたり最大 5TB まで[注2] のサイズ制限がありますが、バケットに格納できるオブジェクトの数およびデータ総量は無制限です。なお、バケット名は AWS の全アカウント（全世界）で一意とする必要があり、既に存在しているバケットと同じバケット名を用いて新たに作成することはできません。

S3 には、格納したデータ（オブジェクト）の利用用途ごとに**ストレージクラス**があり、それぞれ冗長性や料金が異なります。**スタンダード（標準）クラス**のオブジェクトの耐久性は 99.999999999% と極めて高く、スタンダードクラスのオブジェクトとして格納すれば、そのオブジェクトが失われることはほぼないと考えることができます。その理由は、スタンダードクラスのオブジェクトは、バケットにオブジェクトがアップロードされると自動的にそのリージョン内の 3 か所のデータセンタに複製され、同時に 2 か所でデータロストが発生しても復元できる仕組みになっているからです。失うことが許されないオリジナルのデータなどは、このスタンダードクラスとしてデータを格納します。

注1 オブジェクトストレージは、従来のファイルシステムにおける階層構造によるデータ（ファイル）の管理とは異なり、データ（オブジェクト）にキー（ユニークな ID）を付与してフラットに格納します。データを Key-Value 形式でフラットに格納することで、大量の、かつ大容量なデータの保存に適しています。

注2 マルチパートアップロード機能という、大容量のデータを分割して並列アップロードを実行した際の最大サイズです。マルチパートアップロード機能を使用しない場合の 1 オブジェクトあたりの最大サイズは 5GB までです。

　一方、オリジナルデータから加工されたデータなど、再作成可能なデータを格納する場合には、そこまでの耐久性は必要ない場合もあります。そのような利用用途に対して、低冗長化 (Reduced Redundancy Storage ; RRS) ストレージクラスが用意されています。低冗長化ストレージクラスの耐久性は99.99% とスタンダードクラスの S3 に比べて低いですが、利用料金を低く抑えることができます。

試験のポイント！

S3 のストレージクラスには失われることが許されないデータを格納する用途に適したスタンダードクラスと、失われても再作成可能なデータを格納する月途に適した低冗長化クラスがある！

補足　スタンダードクラスの S3 と同等の耐久性は必要だがアクセスされる頻度の低いオブジェクト向けに、低頻度アクセス S3 というストレージクラスが2015 年 9 月から利用できるようになりましたが、本書では割愛します。

6-2　S3 の整合性

　S3 は、格納したデータを複数のデータセンタに複製することで非常に高いデータ耐久性を実現しています。しかし、そのためにデータの整合性については注意が必要になります。S3 のデータの整合性は、データに対しどの操作を行うかによって異なります。

① 新しいオブジェクトの書き込み (PUT)

【書き込み後の読み取り整合性】

　新しいオブジェクトを S3 バケットに書き込み（新規アップロード）、すぐにバケット内のオブジェクトの一覧表示操作を行うと、そのオブジェクトが表示されないことがあります。S3 から「完了」が返されると、新しく書き込んだオブジェクトもバケット内の一覧に正しく表示されるようになり、そのデータにアクセスすれば正しいデータが返されます。

② 既存オブジェクトの上書き (PUT)

【結果整合性】

既存のオブジェクトを上書きし、「完了」が返された後でも、そのデータに
アクセスした際に古いデータ（上書き前のデータ）が返されることがあり
ます。時間が経てば結果的に正しいデータ（上書き後のデータ）が返され
ます。

③ オブジェクトの削除（DELETE）

【結果整合性】

オブジェクトを削除し、「完了」が返された後でも、削除したはずのデータ
がバケットの一覧に表示されたり、データにアクセスできたりすることが
あります。時間が経てば結果的にバケットの一覧から削除され、アクセス
できなくなります。

　以上のことから、S3 はオンラインで頻繁に更新されるデータの格納先には
向いておらず、格納されている静的なデータを何度も読み取るような用途に
向いているといえます。

> **試験のポイント！**
> S3 の各操作とデータの整合性について押さえ、整合性を考慮した S3 の
> 利用用途を押さえる！

6-3　S3 のアクセス制限とセキュリティ

　S3 バケットやオブジェクトは、デフォルトではそのリソースを作成したア
カウントだけにアクセス権限が与えられています。S3 バケットとオブジェク
トには適切なアクセス制限をかける必要があり、アクセス管理の方法には、
次の 3 つがあります。

- アクセスコントロールリスト（ACL）
- バケットポリシー
- IAM（ユーザ）ポリシー

① アクセスコントロールリスト（ACL）

バケットとオブジェクトそれぞれについて、読み取り／書き込みの許可を、他の AWS アカウントに与えることができます。また、オブジェクトに付与されている URL についても、HTTPS アクセスの許可を与えることができます。条件付きアクセス許可を与えることや、アクセス拒否を設定することはできず、自アカウント内の IAM ユーザやグループのアクセス権を制限することもできません。

② バケットポリシー

バケットごとに、自アカウント内の IAM ユーザやグループ、他アカウントのユーザに対してアクセス（様々な操作）許可を与えることができます。また、条件付きのアクセス許可を与えることや、アクセス拒否を設定することもできます。

③ IAM（ユーザ）ポリシー

IAM ポリシー（S3 のアクセス管理ではユーザポリシーと呼ばれることが多い）は、3 章で説明した AWS リソースに対するアクセス可否です。ここでは、その対象となる AWS リソースが S3 になります。S3 へのアクセス（様々な操作）許可を設定した IAM ポリシーを自アカウント内の IAM ユーザやグループ、ロールに割り当てます。バケットポリシーと同様に条件付きのアクセス許可を与えることや、アクセス拒否の設定をすることもできますが、他アカウントを指定したアクセス権の設定はできません。

アクセス制限には、これらの 3 種類のアクセス管理のほかに、アクセス許可設定をしていない特定のオブジェクトを指定した期間に限定して HTTPS アクセスで公開する「**署名（期限）付き URL**」という方法があります。

ここで、S3 バケットに格納された特定のオブジェクトを、限られたエンドユーザにのみアクセスさせたい要望があったとします。例えば、ある商品を購入したエンドユーザに限り、S3 バケットに格納されている特典映像の動画オブジェクトにアクセスできるようにするという場合を想定します。商品を購入するのは当然ながら IAM ユーザではないので、IAM ポリシーで動画オブジェクトへのアクセス制限をすることができません。また、商品購入者のアクセス元の IP アドレスなどを事前に特定することもできないため、バケットポリシーでもアクセス制限はできません。アクセスコントロールリスト（ACL）

で動画オブジェクト URL への HTTPS アクセスを全てのエンドユーザに公開することはできますが、動画オブジェクト URL がわかれば商品を購入していないエンドユーザも動画オブジェクトにアクセスできることになり、購入特典ではなくなってしまいます。そこで、エンドユーザが商品を購入したときに、10 分だけ有効な URL が生成され、その URL を使って動画オブジェクトにアクセスできるように設定します。そうすれば、たとえその URL が商品購入者以外に漏えいしたとしても、生成から 10 分経過すると URL の有効期限が切れ、動画オブジェクトにアクセスすることはできません。この有効期限がついた URL は、SDK によって生成され、URL の中に署名が入るため、「**署名付き URL**」といいます（図 6-3-1）。

オリジナルのオブジェクト URL の例：

https://s3-ap-northeast-1.amazonaws.com/my-bucket/sp-movie.mp4

署名付き URL の例：

https://s3-ap-northeast-1/amazonaws.com/my-bucket/sp-movie.mp4?Expires=1234567890&AWSAccessKeyId= AKIABCDEFGHIJKLMNOPQ&Signature=0123456789ABCDEFGHIJKLMNOPQRST

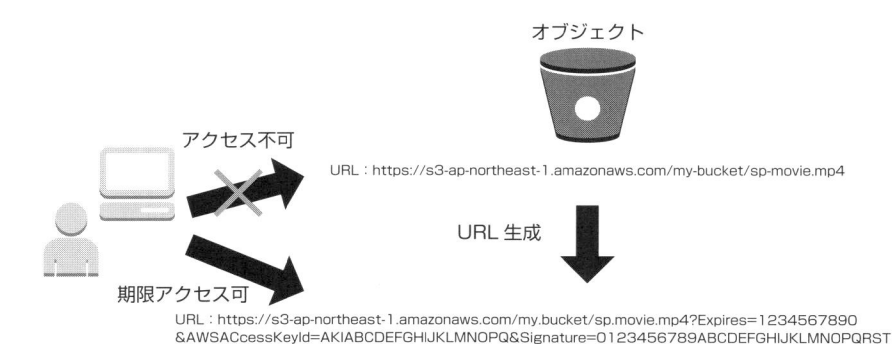

図 6-3-1　署名付き URL へのアクセス

試験のポイント！

S3 のバケットとオブジェクトのアクセス制限や、署名付き URL の利用用途を押さえる！

6-4 オブジェクトの暗号化とアクセスログ

S3 バケットに格納されているオブジェクトを任意で暗号化して、データを保護することができます。オブジェクトの暗号化は、AWS が管理する鍵やユーザが管理する鍵を使って S3 上で暗号化するサーバサイド暗号化と、クライアント側で事前に暗号化したデータを S3 バケットにアップロードするクライアントサイド暗号化の両方が可能です。

S3 バケットへのアクセスログを任意で同じ／異なる S3 バケットに取得することができます。アクセスログの取得はベストエフォートで記録されるため、完全性は保証されず、また、アクセスログ格納バケットへのログの格納は、実際のアクセスから時間を置いて行われます。

> **試験のポイント！**
> S3 の暗号化やアクセスログの取得はデフォルトではなく、ユーザの責任の元に実施する！

6-5 S3 の静的 Web サイトホスティング機能

S3 で Web サイトをホスティングすることができます。ただし、ホスティングできるのは静的な Web サイトに限られ、PHP や JSP、ASP.NET など Web サーバ側のプログラム実行により動的なページをユーザに提供する動的 Web サイトは S3 でホスティングすることができません。静的な Web サイトには、JavaScript などクライアント側で実行されるプログラムを含んだページも合まれます。S3 の **Web サイトホスティング機能**を利用することで、EC2 を利用するよりも運用の負荷やコストを抑えることができます。

なお、S3 の Web サイトホスティング機能を利用した際のアクセス先のエン

ドポイントは

バケット名 .s3-website- リージョン名 .amazonaws.com

になります。

エンドポイント例

mybucket.s3-website-ap-northeast-1.amazonaws.com

このエンドポイントを所有しているドメインでアクセスさせるためには、後述する Route 53 などの DNS サービスにより、名前解決する必要があります。

6-6　S3 のバージョニング機能

S3 には**バージョニング機能** (図 6-6-1) があり、S3 バケット単位で有効にすることができます。バージョニング機能を有効にしたバケットでは、オブジェクトを誤って上書きしたり、削除した後でも、操作前のオブジェクトを復元することができます。

バージョニング機能を有効にしたバケットに格納されるオブジェクトには、キーの他にバージョン ID が付与されます。オブジェクトを上書きアップロードする際に、図 6-3-1 のように上書き前のオブジェクトと異なるバージョン ID の付与されたオブジェクトが別に格納されます。オブジェクトを削除する場合も、異なるバージョン ID と削除マーカーが付与されたオブジェクトが生成され、削除前のオブジェクトが保持されます。

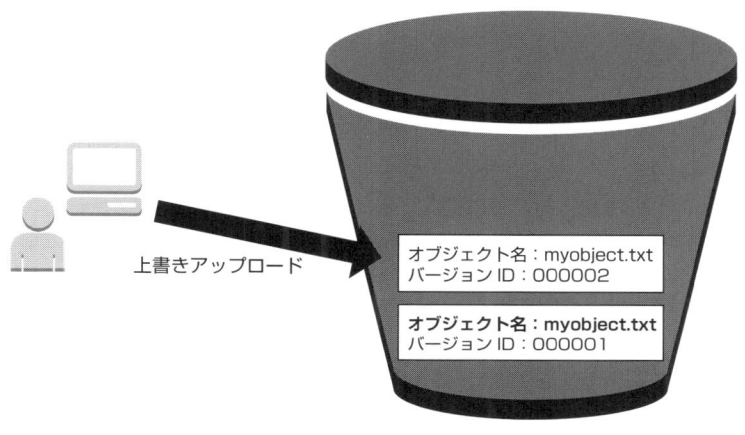

上書きアップロード

オブジェクト名：myobject.txt
バージョン ID：000002

オブジェクト名：myobject.txt
バージョン ID：000001

図 6-6-1　S3 のバージョニング

> **試験のポイント！**
>
> S3 のバージョニング機能を利用すれば、誤操作などにより上書きや削除をしてしまっても、元のデータを復元できる！

6-7　S3 のライフサイクル機能と Glacier へのアーカイブ

　S3 は容量無制限で、かつ非常に耐久性の高いストレージのため、AWS におけるストレージの中心となり、様々なデータが格納されます。格納されるデータの中には、ユーザの課金ログや、ある生物のゲノムのシーケンスデータなど、削除はしたくない／できないが、普段アクセスすることはほとんどないデータも存在します。そのようなデータは、S3 と同じ耐久性を持ちながら、より低価格で利用できる Amazon Glacier（以下 Glacier）ストレージに格納することで、コストを低く抑えることができます。データのアーカイブや長期バックアップ先などの用途には Glacier が適しています。

　Glacier にデータを格納する方法には、S3 の**ライフサイクル機能**を利用するものと、SDK を利用して直接格納するものがあります。S3 のライフサイクル

機能は、S3 バケットに格納したオブジェクトを、指定した日数が経過した後に Glacier に移行したり、削除したりすることができる機能です。この機能によって、「ユーザの課金ログを格納から 1 年後に Glacier に移行し、5 年後に削除する」といったジョブを自動化できます。

　Glacier に格納したままのデータを参照することはできないため、監査などで格納したデータを参照したい場合には、Glacier からそのデータを取り出す必要があります。Glacier からデータを取得するのに要する時間は、データの大小にかかわらず、3〜5 時間にもなります。また、データの取り出しは Glacier に保管しているデータ量（月平均）の 5% までは無料ですが、それを超える場合は取出し料金が発生します。このような理由から、Glacier は、参照（取出し）がほとんど行われないデータを長期間保管しなければならない場合のデータの格納先として適しています。

> **試験のポイント！**
> Glacier は参照する頻度の少ないデータを長期間保管するのに適している！

章末問題

Q1 RAW画像データを様々な形式に変換する処理を行っている。データの耐久性やコストの最適化を考慮した場合、それぞれのデータに適した格納先はどれか？

○ **A** RAW画像：EBS　変換後画像：スタンダードS3

○ **B** RAW画像：EBS　変換後画像：RRS S3

○ **C** RAW画像：スタンダードS3　変換後画像：RRS S3

○ **D** RAW画像：スタンダードS3　変換後画像：Glacier

Q2 S3に保存すべきデータとして適していないものはどれか？

○ **A** 社内の従業員に公開する動画

○ **B** 世界中のエンドユーザに公開する動画

○ **C** ゲノムのシーケンスデータ

○ **D** DBのオンライントランザクションログ

Q3 S3に対してオブジェクトの格納／上書き／削除を行った際、発生する可能性がある選択肢はどれか？正しい選択肢を**全て**選べ。

☐ **A** S3バケットに新規にオブジェクトを格納する操作をし、「完了」と表示された。その後すぐにバケット内のオブジェクトの一覧表示をしたが、格納したはずのオブジェクトが表示されなかった。

☐ **B** S3バケットに格納済みのオブジェクトを上書きする操作をし、「完了」と表示された。その後すぐに上書きしたオブジェクトを開くと以前のデータが参照された。

☐ **C** S3バケットに格納済みのオブジェクトを削除する操作をし、「完了」と表示された。その後すぐにバケット内のオブジェクトの一覧表示をしたが、削除したはずのオブジェクトが表示された。

☐ **D** 上記はすべて発生する可能性がない。

Q4 S3 バケットに格納しているオブジェクトを特定の AWS アカウントの IAM ユーザにのみ参照させたい。利用する S3 のアクセス制限はどれか？

- ○ **A** アクセスコントロールリスト（ACL）
- ○ **B** バケットポリシー
- ○ **C** IAM ポリシー（ユーザポリシー）
- ○ **D** 署名付き URL

Q5 S3 のデフォルトで有効な機能はどれか？

- ○ **A** オブジェクトの暗号化
- ○ **B** アクセスログの取得
- ○ **C** オブジェクトのバージョニング
- ○ **D** オブジェクトのリージョン内複製

Q6 S3 オブジェクトの誤削除に対する有効な機能／設定はどれか？ 正しい選択肢を**全て**選べ。

- ☐ **A** オブジェクトのバージョニング
- ☐ **B** オブジェクトのリージョン内複製
- ☐ **C** アクセスコントロールリスト（ACL）
- ☐ **D** バケットポリシー

Q7 Glacier に格納すべきデータとして適切なものはどれか？

- ○ **A** 社内の従業員に公開する動画
- ○ **B** 世界中のエンドユーザに公開する動画
- ○ **C** ゲノムのシーケンスデータ
- ○ **D** DB のオンライントランザクションログ

答え

A1 C

スタンダード S3 は、耐久性が非常に高いストレージのため、失ってはならないオリジナルデータの格納先として適しています。加工データについては、オリジナルデータから再加工（再作成）可能なため、RRS（低冗長化）S3 ストレージに格納することで、コストの低減を図れます。

A2 D

S3 は、オブジェクトの上書き／削除という操作に対して結果整合性の問題があります。そのため、頻繁に上書きされるオンライントランザクションログの格納先として利用するのは適切ではありません。

A3 B、C

S3 は、新規オブジェクトの格納については、書込み後の読込み整合性があるため、「完了」と表示されれば正しくデータを表示／取得できます。
一方、既存オブジェクトの上書き／削除については、結果整合性の問題があるため、「完了」と表示されても以前のデータが表示／取得されることがあります。

A4 B

他の AWS アカウントと IAM ユーザを指定したアクセス制限ができるのは、バケットポリシーです。

A5 D

オブジェクトの暗号化やアクセスログの取得、バージョニングは、ユーザが任意で有効にする機能です。
S3 バケットに格納したオブジェクトは、自動的にリージョン内で複製されます。

A6 A、D

S3 のバージョニング機能を有効にすることで、オブジェクトを誤って削除しても復元することができます。
オブジェクトは自動的にリージョン内で複製されていますが、削除操作に対する防衛策となるものではないため、たとえ誤った削除であっても、複製されているすべてのデータが削除されます。
アクセスコントロールリスト（ACL）で削除操作を禁止することはできません。

A7 C

Glacier に格納されているデータは、そのままでは参照することができないため、公開する
データの格納先として適していません。
Glacier は、変更されるデータの格納先ではなく、あまり参照されることのないデータのアー
カイブ／長期バックアップ先として利用します。

第 7 章

データベース
(RDS／ElastiCache／DynamoDB)

データベースについて

　AWS には、マネージド型のデータベースサービスがあり、これらのサービスでは OS や DBMS のインストールなど様々な運用管理作業は不要です。マネージド型のデータベースサービスには、利用者の負荷を軽減しながら冗長性などを簡単に確保できる機能が豊富で、認定試験においても、そのメリットや特徴について出題されます。

　本章では、このマネージド型の 3 つのサービス、具体的にはリレーショナルデータベースのサービスである RDS、キャッシュのサービスである ElastiCache、そして NoSQL のサービスである DynamoDB について解説します。

7-1　マネージドサービス

マネージドサービスとは、利用者が自身で OS やミドルウェア／ソフトウェアをインストールすることなくサービスを利用でき、サービスの可用性や拡張性、バックアップやパッチ適用といった管理作業の多くを AWS が管理してくれるサービスのことです。サービスの差別化につながらない構築／管理作業を AWS に任せることにより、利用者はコアとなる作業に集中することができます。

例えば、本章で紹介するマネージド型のリレーショナルデータベースサービスである Amazon Relational Database Service（以下 **RDS**）であれば、利用者はデータベースのインスタンスタイプ（スペック）とデータベースエンジン（Oracle や MySQL など）、フェイルオーバーの有無、自動バックアップの取得時刻などの設定を選択するだけで、各種設定の済んだ RDS インスタンスが起動します。起動した RDS インスタンスに接続すると、すぐに SQL を実行してテーブルなどを作成していくことができ、設定した時刻に自動バックアップが取得されたり、障害が発生したときには自動でフェイルオーバーします。

一方、利用者が自身で EC2 インスタンス上に DBMS をインストールする場合、バックアップや冗長性の担保について、利用者自身で設計／設定し、運用後の管理もすべて利用者が行う必要があります。

マネージドサービスは、データベース以外にも負荷分散サービスの **ELB**（Elastic Load Balancing）やキューサービスの Amazon **SQS**（Simple Queue Service）など、様々なものが存在します。マネージドサービスをうまく活用することで、システムの構築／運用／管理コストを抑えることができます。

7-2　マネージド型 データベースサービス

AWS が提供するマネージド型データベースサービスには、次の 4 種類あります。

① リレーショナルデータベースサービス：Amazon **RDS**
② NoSQL データベースサービス：Amazon **DynamoDB**
③ インメモリキャッシュサービス：Amazon **ElastiCache**
④ データウェアハウスサービス：Amazon **Redshift**

データ形式やデータサイズ、データベースへのクエリの頻度や応答性能など、データベースに格納されるデータは様々です。そのため、用途に応じてデータベースを使い分ける必要があり、AWS でも上記のように 4 種類のデータベースサービスを提供しています。このうち、本書では、RDS とDynamoDB、そして ElastiCache を扱います。

7-3 RDS

RDS は、リレーショナルデータベースのマネージドサービスで、差別化につながらない構築／管理作業を AWS に任せて、可用性の高いリレーショナルデータベースを利用できます。RDS で選択できるデータベースエンジンは、次の 6 種類です。

- **Amazon Aurora**
- **MySQL**
- **MariaDB**
- **PostgreSQL**
- **Oracle**
- **Microsoft SQL Server**

Amazon Aurora（以下 **Aurora**）は、MySQL と互換性のある AWS 独自のリレーショナルデータベースエンジンで、RDS が持つ様々な機能を活かすことができます。また、MariaDB は、MySQL からフォーク（分岐）して作られているオープンソースのリレーショナルデータベースエンジンです。

RDS には様々な機能／特徴があり、データベースエンジンそれぞれの特徴もあります。ここでは、認定試験でも出題される RDS の主要な機能／特徴を

説明します。

① マルチ AZ 配置

マルチ AZ 配置は、その名の通り、複数の AZ に RDS インスタンスを配置して可用性を高める機能です。Aurora 以外のマルチ AZ 配置は、図 7-3-1 のように、RDS インスタンスのマスターが存在する AZ とは異なる AZ に同期スタンバイのスレーブを配置します。

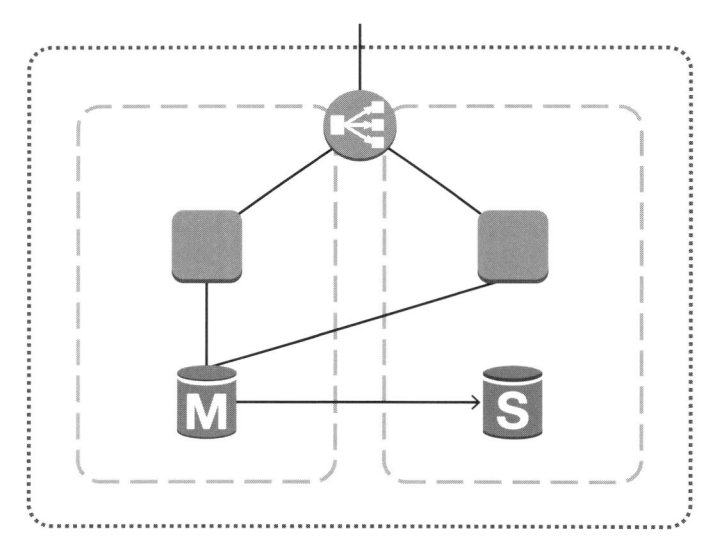

図 7-3-1　RDS のマルチ AZ 配置

MySQL、MariaDB、PostgreSQL、Oracle では、**同期物理レプリケーション**という仕組みを使い、スレーブのデータをマスターに合わせて最新の状態に維持します。

一方、SQL Server では、SQL Server のミラーリング機能である**同期論理レプリケーション**を使用して、その他のデータベースエンジンと同様に、スレーブのデータをマスターに合わせて最新の状態に維持しています。データの読み書きはマスターのみ可能で、スレーブについては読み取りもできない完全なスタンバイになるため、データベースの読み取り性能を上げたい場合はリードレプリカ（図 7-3-2）を作成するか、あるい

はデータベースキャッシュサービスである ElastiCache を配置します。
ElastiCache については、7-5 で述べます。

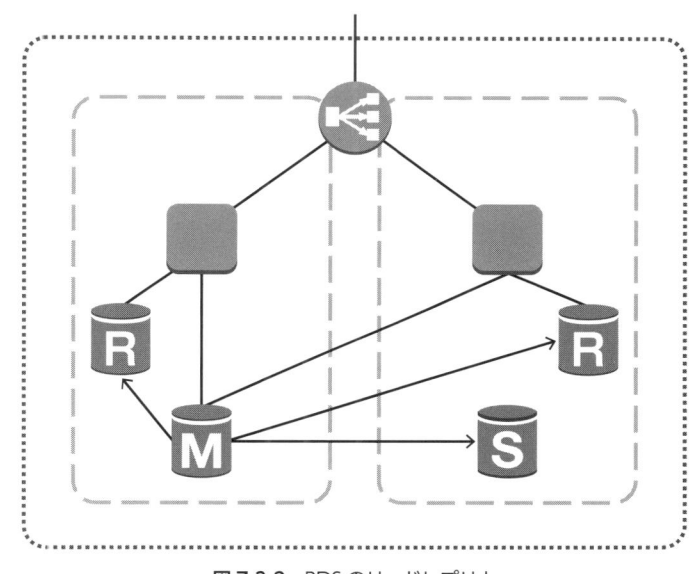

図 7-3-2 RDS のリードレプリカ

マルチ AZ 配置の RDS インスタンスのマスターが停止あるいは障害が発
生した場合は、自動的にスレーブへのフェイルオーバーが開始されます。
フェイルオーバーの過程で RDS インスタンスの CNAME がマスターから
スレーブに付け替えられます。そのため、アプリ側ではデータベースと再
接続するだけで済み、RDS インスタンスへの接続設定を変更する必要はあ
りません。マスターからスレーブへのフェイルオーバーのタイミングは、
マスターの障害時だけではなく、パッチ適用などのメンテナンス時や、手
動の RDS インスタンスの再起動時に発生します。フェイルオーバーは、
通常は数分で完了します。

Aurora のマルチ AZ 配置は、マスター-スレーブ構成ではなく、3 つの
AZ にまたがるクラスターボリュームが作成され、各 AZ にクラスター
データのコピーが格納されます。図 7-3-3 のように、ある AZ に読み書き
が可能なプライマリインスタンスが作成され、他の AZ には読み取り専用

79

のリードレプリカが作成されます。プライマリインスタンスに障害が発生しても、プライマリインスタンスとは独立したキャッシュを利用しつつ、プライマリインスタンスが瞬時に障害から回復するよう設計されています。

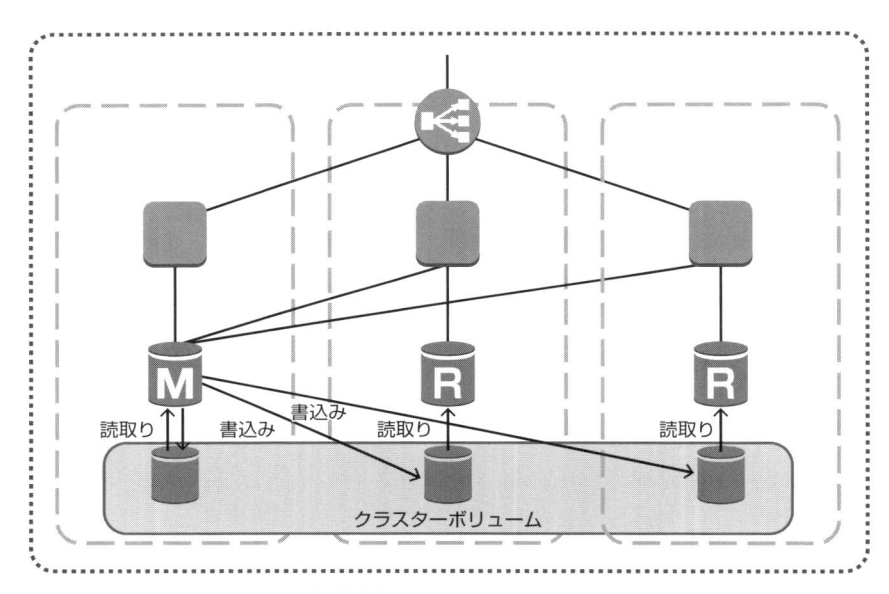

図 7-3-3　Aurora のクラスター

RDS のマルチ AZ 配置の特徴、フェイルオーバー時の挙動を押さえる！

② **自動バックアップ機能**

自動バックアップ機能は、RDS の標準機能です。これは、1 日 1 回自動的にデータのバックアップ（スナップショット）を取得するものです。バックアップの取得中は、多少の読み書き遅延が発生する場合があり、利用者はバックアップウィンドウと呼ばれる設定項目でバックアップが取得される時間帯を指定できます。自動バックアップの保持期間は、デフォルト 7 日ですが、0〜35 日の間で指定できます（0 日を指定すると、バックアップは取得されません）。RDS では、1 日 1 回の自動バックアップの他

に、トランザクションログを自動的に取得しており、1日1回の自動バックアップとトランザクションログを利用して、設定している保存期間（1〜35日）の特定時点のデータを持つRDSインスタンスを復元することができます。トランザクションログは5分に1回永続ボリュームに書き込まれているため、復元できる最新時刻は復元作業時点から過去5分以内の任意の時刻です。なお、利用者が任意のタイミングでバックアップ（スナップショット）を取得することもでき、このバックアップは利用者が明示的に削除するまで保持されます。

> **試験のポイント！**
>
> RDSの自動バックアップ機能のメリットを押さえる！

③ **パッチ適用**

RDSには自動パッチ適用の機能があり、この機能を有効にしておくことで、メンテナンスウィンドウと呼ばれる設定項目で指定された曜日／時間帯にパッチが適用されます。パッチ適用時に数分のダウンタイムが生じることがありますが、RDSをマルチAZ配置にすることで、先にスタンバイにパッチが適用され、フェイルオーバーしたのちに旧マスターでパッチが適用されるため、その影響を軽減することができます。自動パッチ適用は、利用者が有効／無効を設定できますが、重要なセキュリティ脆弱性が発生した場合には、自動パッチ適用を無効化していても、自動的に適用されることがあります。

④ **ストレージ**

RDSのストレージもEC2のストレージであるEBSと同様に、General Purpose SSD、Provisioned IOPS SSD、そしてMagnetic（磁気ディスク）の3タイプがあります。ストレージのサイズは、Aurora以外のデータベースエンジンでは、最小がMagneticの5GB、最大がGeneral Purpose SSD／Provisioned IOPS SSDの6TBですが、データベースエンジンによってもそれぞれ異なります。Auroraでは最小が10GBで、データベースの使用量に応じて10GB単位で最大64TBまで拡張されます。性能については、Aurora以外のデータベースエンジンではEBSと

同様で、General Purpose SSD は 1GB あたり 3IOPS のベースラインパフォーマンスがあり（最大 10,000IOPS）、3,000IOPS までのバースト機能があります。Provisioned IOPS SSD は容量／データベースエンジンによって指定できる IOPS の値が異なりますが、最大 30,000IOPS までの値を指定できます。

RDS は AZ サービスであり、EC2 インスタンスと同様に VPC のサブネット内に RDS インスタンスを起動し、セキュリティグループとサブネットのルーティングルール（プライベートサブネットに配置する）によってアクセスを制限します。

7-4 DynamoDB

DynamoDB は、マネージド型の NoSQL データベースサービスで、利用者はソフトウェアをインストール（構築）／管理することなく利用できます。DynamoDB には、次のような特徴があります。

- ストレージ容量が必要に応じて自動的に拡張
- 秒間あたりの I/O 性能（スループット）を指定できる
- ストレージは SSD のみで安定した I/O 性能を提供
- データを 3 つのデータセンタに複製することで高可用性と高い耐久性を提供
- 読み込み整合性の強弱を指定することで、性能と整合性のバランスを選択可能

NoSQL データベースの特徴として、リレーショナルデータベースでは難しい拡張性が挙げられます。DynamoDB では、ストレージについては事前の容量を指定する必要がなく、利用者がテーブルに項目（データ）を書き込んでいけば、必要に応じてストレージ容量が自動的に拡張し、利用した分だけの課金になります。また、性能については、テーブルごとに秒間あたりの読み書きスループットを指定でき、この値はデータベース使用中に変更するこ

とができます。また、AWS マネージドサービスの特徴ともいえる冗長性ですが、DynamoDB ではテーブルのデータを地理的に離れた 3 か所のデータセンタに複製するため、利用者側で冗長性を考慮する必要はありません。また、DynamoDB の整合性は結果整合性になります。つまり、あるデータを書き込み、すぐに読み込んだとき、最新の書込み結果が反映されない場合があり、時間が経つと最新の結果が反映されます。アプリケーションの要件によっては、結果整合性よりも強力な整合性が求められることもあり、DynamoDB で「強い整合性」オプションを指定すると、最新の書込み結果がすべて反映されたデータを読み取るようになります。ただし、「強い整合性」オプションを有効にすると、読込みスループットが半減してしまうため、できるだけデフォルトの結果整合性で要件を満たすようにアプリケーションを設計します。

DynamoDB は、テーブルに格納できる項目数やデータ容量の制限がなく、拡張性が非常に高いのですが、1 つ 1 つの項目のサイズは 400KB を超えることはできません。そのため、ユースケースとしては、1 つ 1 つの項目のデータサイズは小さいものの、項目数が多くなる次のようなケースが挙げられます。

- セッションデータ
- ゲームの点数
- 買い物リスト（買い物かご）
- センサーデータ

1 つ 1 つの項目に対応する実データサイズが大きくなるような場合には、実データを S3 に格納し、DynamoDB には S3 の格納先 URL や格納（作成）日付といったメタデータを格納します。

┌─ 試験のポイント！ ─┐
DynamoDB のメリットとユースケースを押さえる！

DynamoDB はリージョンサービスであり、プライベートサブネットから DynamoDB のテーブルに新しい項目を追加したり、既存の項目を読み取ったりという操作を行うには NAT インスタンスが必要です。テーブルへの書き込みなど、DynamoDB に対する操作（図 7-4-1）は、IAM によりテーブルや項

目レベルのアクセス管理を行います。DynamoDB にアクセスするアプリケーションが EC2 インスタンス上で動作する場合は、DynamoDB へのアクセスが許可された IAM ポリシーが設定された IAM ロールを EC2 インスタンスに割り当てることで、DynamoDB へのアクセスを安全に制御できます。

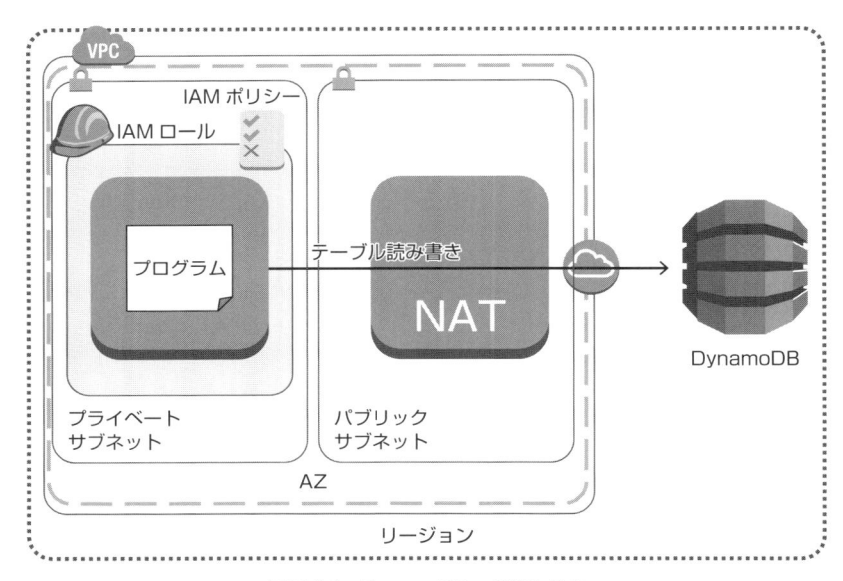

図 7-4-1　DynamoDB への読み書き

試験のポイント！

DynamoDB のアクセス制御は IAM で行い、EC2 インスタンス上で実行されるプログラムの認証には IAM ロールを活用する

7-5　ElastiCache

　リレーショナルデータベースへのアクセス負荷が原因でアプリケーションのパフォーマンスが低下している場合、読取りであれば RDS のリードレプリカを利用することによりパフォーマンスを改善できます。また、その他に、ここで紹介する **ElastiCache** を利用する方法もあります。ElastiCache は、インメモリキャッシュのマネージドサービスで、**Memcached** と **Redis** の

２つのキャッシュエンジンから選択して利用できます。

Memcached は、Key-Value Store 形式のインメモリキャッシュで、マルチノードのキャッシュクラスタを構成します。一方の Redis も Key-Value Store 形式のインメモリキャッシュですが、こちらはマスター－スレーブ構成になります。

ElastiCache は AZ サービスで、VPC のサブネットをグループ化したサブネットグループに配置します。アクセス制御は、セキュリティグループとサブネットのルーティングルール（プライベートサブネットに配置する）によってアクセスを制限します。

ElastiCache のユースケースとしては、図 7-5-1 のように RDS へのクエリ結果をキャッシングして RDS へのアクセス負荷を軽減することによる読書き性能向上や、DynamoDB と同様のセッションデータの格納があります。

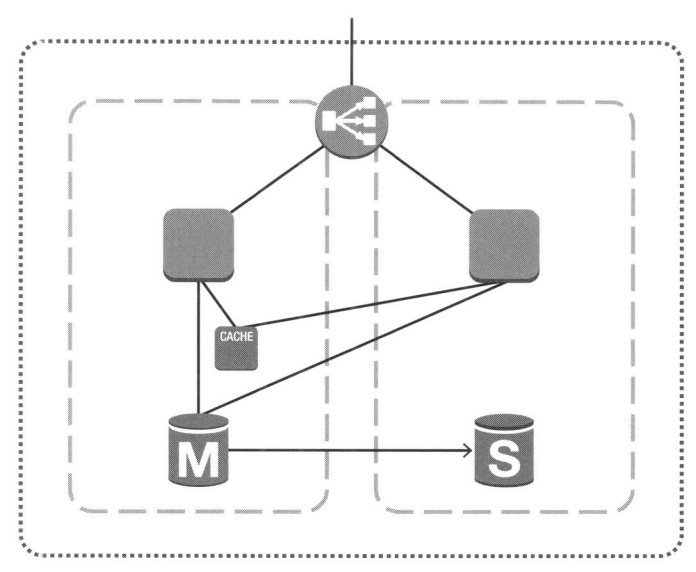

図 7-5-1 ElastiCache のユースケース

> **試験のポイント！**
> ElastiCache のメリット／ユースケースを押さえる！

章末問題

Q1 マルチ AZ 配置した RDS インスタンスでフェイルオーバーが発生した際に、利用者側で実施しなければいけない操作として正しい選択肢はどれか？

○ **A** マスターとして動作していたインスタンスに割り振られていたプライベート IP アドレスを、スレーブとしてスタンバイしているインスタンスに割り振る。

○ **B** マスターとして動作していたインスタンスを再起動し、スレーブとしてスタンバイするように設定する。

○ **C** RDS インスタンスへの読み書きを行っていたアプリケーションの RDS インスタンスの接続先を、マスターのプライベート IP アドレスからスレーブのプライベート IP アドレスに変更し、再度デプロイする。

○ **D** 特に何も操作する必要はない。

Q2 オペレーションミスによるデータ損失に対する有効な RDS の機能／設定はどれか？

○ **A** マルチ AZ 配置

○ **B** 自動バックアップ

○ **C** パッチ適用

○ **D** Provisioned IOPS

Q3 DynamoDB の特徴／メリット／ユースケースとして正しい選択肢を**全て**選べ。

□ **A** DynamoDB は、データを 3 カ所のデータセンタに冗長的に格納するため耐久性が非常に高く、Key-Value Store 形式に対応した NoSQL データベースである。その上、拡張性があり、格納したデータに合わせて自動的に拡張するため、S3 の代替用途として利用できる。

□ **B** DynamoDB テーブルへのアクセスはデフォルトですべてのアクセスが拒否されているため、セキュリティグループでアクセスを受け付ける必要がある。

□ **C** DynamoDB は拡張性があり、格納したデータに合わせて自動的に拡

86

張する上、高い I/O 性能を有している。そのため、頻繁に書き込みが発生する大量のデータの格納先として適している。

□ **D** DynamoDB は拡張性があるものの、項目の最大サイズは限られている。そのため、大きなデータサイズのデータを扱うには、実データについては S3 に保管し、DynamoDB にはメタデータを格納する。

Q4 ElastiCache の特徴／メリット／ユースケースとして正しい選択肢はどれか？

○ **A** ElastiCache はインメモリキャッシュとして高速に読み書きできるため、ログインが必要な会員 Web サイトのユーザのセッション情報の格納先として適している。

○ **B** ElastiCache に対してデータを読み書きするアプリケーションが EC2 インスタンス上で動作している場合、ElastiCache へのアクセスを許可した IAM ポリシーを設定した IAM ロールを EC2 インスタンスに割り当てることで、ElastiCache へのアクセス制御を安全に管理することができる。

○ **C** ElastiCache はリージョン内の 3 か所のデータセンタのサーバにデータをキャッシングすることで、利用者は 3 か所のうちの最も近いデータセンタからデータを低レイテンシーでダウンロードすることができる。

○ **D** ElastiCache はインメモリキャッシュとして高速に読み書きできるため、Web サーバの前段に配置することにより、キャッシングしているデータを高速に利用者に応答するメリットがあるほか、Web サーバへの負荷を軽減することができる。

答え

A1 D

マルチ AZ 配置している RDS インスタンスがフェイルオーバーする際、RDS インスタンスの CNAME がマスターからスレーブに自動的に付け替えられるため、利用者側で特に操作することはありません。

A2 B

RDS の自動バックアップ機能により、自動バックアップの保持期間内の任意の時刻のデータを復元することができます。

A3　C、D

A　DynamoDB は 1 つ 1 つの項目のサイズが 400KB までに限られているため、S3 の代替として利用することはできません。大きな実データ自体は S3 に保管し、DynamoDB にはそのメタデータを格納するという利用用途が適しています。

B　DynamoDB はリージョンサービスであり、アクセス制御はセキュリティグループではなく、IAM で行います。

A4　A

B　ElastiCache はセキュリティグループでアクセス制限します。

C　ElastiCache は AZ サービスであり、VPC 環境では EC2 からのアクセスのみ受け付けます。

D　ElastiCache は RDS の負荷を軽減するメリットがあります。

第 8 章

AWS における監視と通知
(CloudWatch／SNS)

AWS における監視について

AWS には CloudWatch という監視（モニタリング）サービスがあり、EC2 インスタンスを始めとした様々な AWS リソースをモニタリングすることができます。CloudWatch によるモニタリングの結果を受けて、運用者にメールで通知をしたり、EC2 インスタンスの増減アクションを発生させたりするなど、AWS の特徴の１つである伸縮自在性／柔軟性（アジリティ）を活かす上でも、CloudWatch のモニタリングは重要です。

本章では、AWS における監視と通知について、モニタリングサービスの CloudWatch と通知のサービスである SNS を説明します。

8-1 CloudWatch による モニタリング

　あらゆるシステムにおいて、**監視（モニタリング）**は必要不可欠な要素です。通常の死活／性能監視などの他、AWS の特徴の 1 つである**伸縮自在性／柔軟性（アジリティ）**を活かす上でもモニタリングは重要です。負荷の増減に応じて EC2 インスタンスの数を増減させることで、無駄なリソースを省きコスト削減を図ったり、必要になったときにはリソースを増やして機会損失を避けたりすることができます。AWS には、Amazon **CloudWatch**（以下 CloudWatch）というモニタリングサービスがあり、CloudWatch のモニタリング結果から、EC2 インスタンスの数の増減アクションを発生させることができます。

　CloudWatch によるモニタリングを理解する上で、必ず押さえなくてはいけない「**メトリックス**」という用語があります。メトリックスは「監視項目」という意味で、例えば次のようなメトリックスがデフォルトで集計されています。

- EC2 インスタンスの CPU 利用率
- EBS のディスク I/O
- S3 の格納オブジェクト総数
- RDS インスタンスの CPU 利用率
- RDS インスタンスのメモリ空き容量
- RDS インスタンスのストレージ空き容量
- DynamoDB に書き込まれたユニット数

など

　CloudWatch は、各種 AWS リソースから送られてきたモニタリングデータを保存し、メトリックスごとにグラフ化して表示することができます。モニタリングデータの保持期間は 2 週間で、それ以降のデータは破棄されてしまうため、月次のモニタリングレポートが必要な場合は、保持期間内に CloudWatch からモニタリングデータをダウンロードしておく必要があります。

8-2 EC2 のモニタリング

CloudWatch は、AWS リソースから「送られてきた」モニタリングデータを保存／可視化するサービスであるため、CloudWatch にデータを送る仕組み／機能を EC2 インスタンスや RDS インスタンスなどの AWS リソース側で用意する必要があります。RDS はマネージドサービスであり、デフォルトで様々なモニタリングデータを収集して CloudWatch に送信するエージェントがインスタンスに導入されています。一方の EC2 はマネージドサービスでないため、デフォルトではハイパーバイザが収集できるモニタリングデータのみを収集して CloudWatch に送信しています。このことから、マネージドサービスではない EC2 のメトリックスは、次の 2 種類に大別できます。

標準（デフォルト）メトリックス：ハイパーバイザが取得して CloudWatch に送信するメトリックス

カスタムメトリックス：OS にインストールしたエージェントが取得して CloudWatch に送信するメトリックス

EC2 の標準メトリックスは、次の 12 種類です。（CPU クレジットに関するメトリックスは、t タイプのインスタンスファミリーのみです）

- CPU クレジット利用数（CPUCreditUsage）
- CPU クレジット累積数（CPUCreditBalance）
- CPU 利用率（CPUUtilization）
- 1 秒あたりの Disk 読込み回数（DiskReadOps）
- 1 秒あたりの Disk 書込み回数（DiskWriteOps）
- インスタンスストレージの読取りバイト数（DiskReadBytes）
- インスタンスストレージの書込みバイト数（DiskWriteBytes）
- 受信したバイト数（NetworkIn）
- 送信したバイト数（NetworkOut）
- OS ／インフラストラクチャステータスチェックの成功 (0)／失敗 (1)（StatusCheckFailed）

- OS ステータスチェックの成功 (0) ／失敗 (1)（StatusCheckFailed_Instance）
- インフラストラクチャステータスチェックの成功 (0) ／失敗 (1)（StatusCheckFailed_System）

　メモリの利用率など、上記以外にも取得したいメトリックスがある場合は、カスタムメトリックスとして取得する必要があります。

　CloudWatch はモニタリングデータをグラフ化したり、ダウンロードしたりできますが、そのデータのプロット間隔は 1 分間隔や 5 分間隔など、AWS リソースによって異なります。EC2 では、次の 2 種類の間隔で取得可能で、それぞれ名前が付いています。

基本モニタリング：3 種類のステータスチェックは 1 分間隔、その他は 5 分間隔

詳細モニタリング：標準メトリックスをすべて 1 分間隔（ただし追加料金が必要）

> **試験のポイント！**
> EC2 の標準メトリックスや基本／詳細モニタリングを押さえる！

8-3　アラームとアクション

　CloudWatch の各メトリックスに対して、アラームを設定することができます。アラームとは、事前に設定しておいた閾値（しきい値）を超えたときに所定の動作（アクション）を呼び出す状態遷移のことで、例えば EC2 インスタンスの CPU 利用率が 70% という閾値を超えたらアラーム状態に遷移する、あるいは EC2 インスタンスのステータスチェックで 1（失敗）を 1 回でも検出したら（1 回という閾値を超えたら）アラーム状態に遷移するという使い方ができます。CloudWatch で発生したアラームを受けて、次のようなアクションを呼び出すことができます。

- メールなどの通知（Simple Notification Service（詳細は後述します）
- Auto Scaling ポリシー（EC2 インスタンス数の増減。詳細は後述します）
- EC2 アクション（停止／削除／再起動／復旧）

　このような CloudWatch アラームのアクションを利用して、7 つのベスト
プラクティスの 1 つであり、AWS の特徴／メリットでもある、「伸縮自在性を
実装」を実現できます。また、ステータスチェック（死活監視）のアラームを
受けた EC2 インスタンスの復旧など、システムの可用性を高めるためにも、
CloudWatch アラームのアクションを利用できます。

　アラームには、次の 3 つの状態があり、たとえば図 8-3-1 のようにその状
態が遷移します。利用者が設定した期間アラームが持続すると、アクション
が呼び出されます。

- OK
- アラーム（ALARM）
- 不足（INSUFFICIENT_DATA）

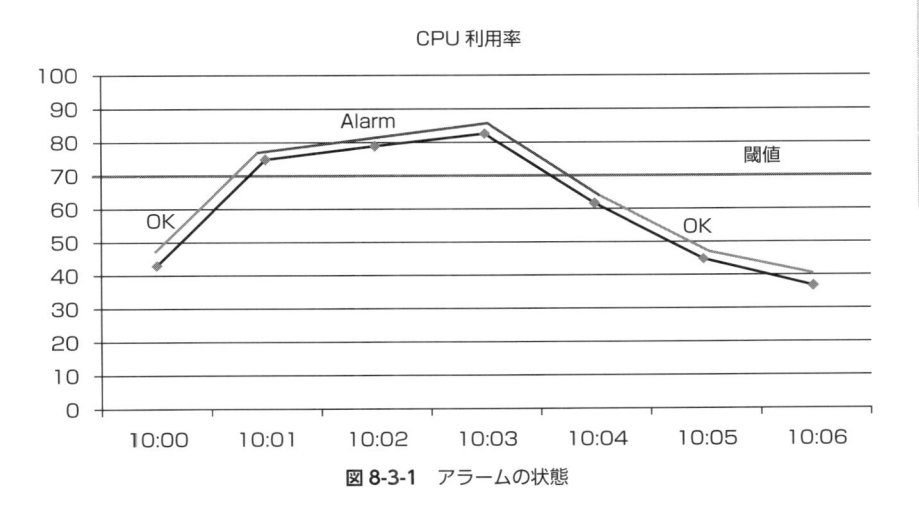

図 8-3-1　アラームの状態

　例えば、EC2 インスタンスの 1 分間の CPU 利用率の平均が閾値の 70% を
3 期間連続（3 分間連続）で上回っている場合に、EC2 インスタンスを 2 台増
やす Auto Scaling ポリシー（詳細は後述します）のアクションを呼び出すとい

う設定ができます。あるいは、4 台の EC2 インスタンスの 1 分間の CPU 利用率の平均が閾値の 30% を 3 期間連続（3 分間連続）で下回っている場合に、EC2 インスタンスを 2 台減らす Auto Scaling ポリシーのアクションを呼び出す設定も同時に行えます。この 2 つの設定は、それぞれ閾値が異なるため、異なるアラームになります。

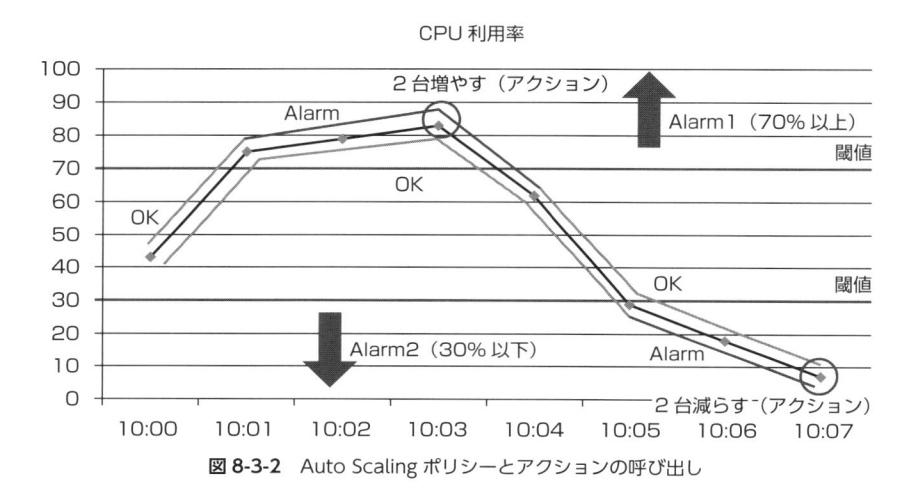

図 8-3-2　Auto Scaling ポリシーとアクションの呼び出し

　後述する Auto Scaling により伸縮自在性を実装した場合、1 つのメトリックスに対して 2 つのアラームが設定される場合が多く、両者のアラームの状態が図 8-3-2 のように遷移します。

> **重要！**
> CloudWatch のアラームとアクションについて、特徴と代表的な利用の流れを押さえる！

8-4　SNS

　AWS には、Amazon Simple Notification Service（以下 **SNS**）という通知のサービスがあり、これによりユーザやアプリケーションにメッセージを送信することができます。送信は任意のタイミングで行えるほか、前述の

CloudWatch アラームのアクションとしてメッセージを通知することができます。

SNS を利用するには、次の 3 つの用語を押さえる必要があります。

- **メッセージ**：通知するメッセージ
- **サブスクライバ**：受信者を指し、サポートされているプロトコルは次のとおり
  - E メール
  - SMS（ショートメッセージサービス）
  - モバイルプッシュ
  - HTTP／HTTPS
  - SQS（Simple Queue Service の略称で詳細は後述します）
  - Lambda（サーバ無しのプログラムコード実行サービス）
- **トピック**：単一／複数のサブスクライバをまとめたもの

例えば、前述の CloudWatch のアラームのアクションで SNS を利用する流れは、次のようになります。

① SampleTopic というシステムのアラートが通知されるトピックを作成し、運用管理者の E メールアドレス／メーリングリストをサブスクライバとして SampleTopic に登録
② CloudWatch でシステムの EC2 インスタンスをモニタリングし、1 分間の平均 CPU 利用率が 80% を 1 回超えたというアラームが発生すると、SampleTopic にメッセージを通知するアクションを設定
③ 該当する EC2 インスタンスの CPU 利用率が 80% を超えてアラームが発生すると、「CPU 利用率が 80% を超えてアラームの状態が OK から ALARM に遷移した」というメッセージを SampleTopic に送信
④ SNS は SampleTopic に登録されている運用管理者の E メールアドレス／メーリングリスト（サブスクライバ）にメッセージを送信

章末問題

Q1 Web サーバとして利用している EC2 インスタンスの標準メトリックスとして正しい選択肢はどれか？

- ○ **A** メモリ使用率
- ○ **B** Web ページへのロード時間
- ○ **C** Web サーバのプロセス／スレッド数
- ○ **D** Netowrk I/O

答え

A1 D

EC2 インスタンスの標準メトリックスは、ハイパーバイザが取得できる値で、Network I/O などがあります。これに対し、メモリの使用率は OS で収集する必要があります。

第 9 章

AWS における拡張性と分散／並列処理
(ELB／Auto Scaling／SQS／SWF)

AWS における拡張性と分散／並列処理について

AWS の特徴の 1 つに、伸縮自在性／柔軟性（アジリティ）があります。AWS では、必要なときに必要なだけ IT リソースを用意し、必要が無くなれば解放することで、コストメリットが図れるほか、経営判断から開発／サービス提供開始までの時間を短縮することができます。

そして、この特徴を活かす上で欠かせないのが、本章で紹介する ELB、Auto Scaling、SQS、SWF といったサービス／機能です。これらのサービス／機能は、7 つのベストプラクティスを実践する上でも欠かせないもので、認定試験において様々な分野にまたがって出題されます。

本章では、AWS における拡張性と分散／並列処理について、そこに関わるサービス／機能である ELB と Auto Scaling、SQS そして SWF を中心に説明します。

9-1　密結合と疎結合

　図 9-1-1 のように、Web －アプリ－ DB の 3 層構成システムを考えます。ここでは、負荷や冗長性を考慮して、Web サーバとアプリケーションサーバをそれぞれ 3 台ずつと、DB サーバをマスター－スレーブ構成として設計したとします。

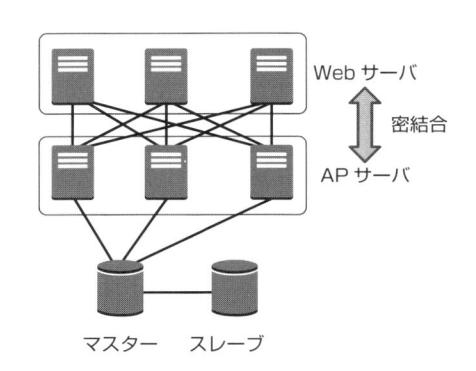

図 9-1-1　Web －アプリ－ DB の 3 層密結合構成

　オンプレミスでこのようなシステムを設計する場合、各サーバは、それぞれ可用性を高める工夫がされており、極力ダウンすることがないように設計されています。各サーバの台数や IP アドレスは固定されていることが多く、各サーバは接続先のサーバの IP アドレスを登録し、お互いに密接に関係しています。このような各層のサーバの結びつきが強い構成を**密結合**の構成といいます。

　一方、AWS クラウドでは、7 つのベストプラクティスの 1 つの「故障に備えた "設計" で障害を回避」にあるように、1 台 1 台のサーバ（EC2 インスタンス）の可用性を高めるのではなく、システムとして（構成設計側）で可用性を高めることを考えます。EC2 インスタンスはすぐに新しいものを調達できるので、図 9-1-2 のように、1 台 1 台の EC2 インスタンスは障害が発生してもすぐに新たな EC2 インスタンスに入れ替わります。また、システムの負荷に応じて台数を増減することで、コストメリットを図ることができます。こちらも 7 つのベストプラクティスの 1 つの「伸縮自在性を実装」の考え方になります。

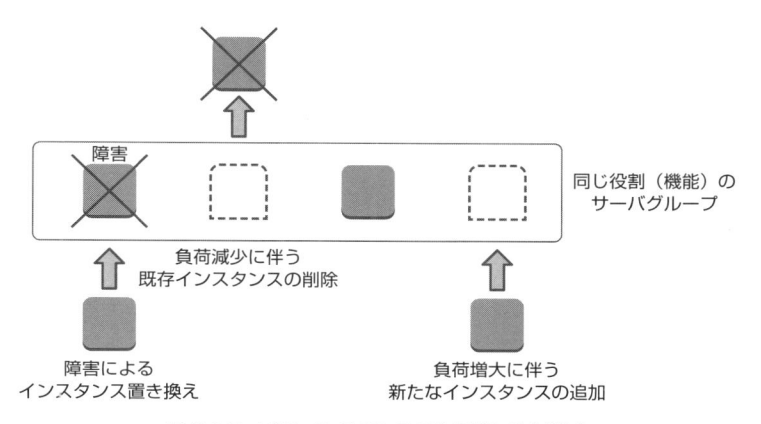

図 9-1-2 EC2 インスタンスの入れ替わりと増減

　このように、システム内のサーバが入れ替わったり、増減したりする場合、密結合の構成では運用管理の負担が非常に大きくなり、システムを持続させることが困難になります。そこで、システムの各層の間に負荷分散機能を導入し、各層の結びつきを緩めることを考えます。

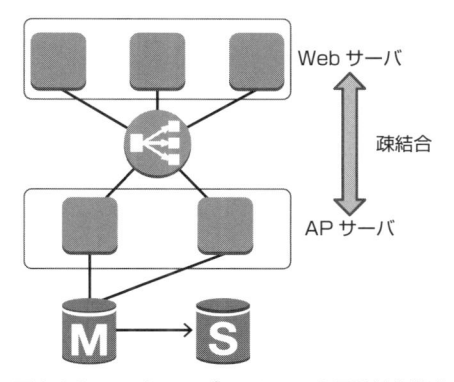

図 9-1-3 Web −アプリ− DB の 3 層疎結合構成

　すると、図 9-1-3 のように、Web 層のサーバは負荷分散装置にトラフィックを送るだけでよく、アプリ層のサーバは負荷分散装置の配下に配置し、負荷分散装置からのトラフィックを受け取るだけでよくなります。たとえ、各サーバが入れ替わったり、増減したとしても、Web サーバは負荷分散装置にトラフィックを送るということ、アプリケーションサーバは負荷分散装置の

配下に配置するという 2 点を自動化できていれば、システムを効率的に持続させることができます。このような、各層のサーバの結びつきが弱い構成を**疎結合**の構成といい、7 つのベストプラクティスの 1 つである「コンポーネント間を疎結合で柔軟に」の実践になります。

　つまり言い換えると、7 つのベストプラクティスであり、AWS の特徴／メリットである「故障に備えた設計で障害を回避」や「伸縮自在性を実装」を実現するためには、「コンポーネント間を疎結合で柔軟に」の実践が必要になります。この重要な「疎結合」を実現する上で、この 3 層構成のシステムでは負荷分散装置が重要になりますが、この負荷分散装置を利用者自身で構築する場合、冗長性の確保や通信／処理のボトルネックとならないように設計／構築することが運用管理の非常に大きな負荷になってきます。AWS では、そういった負荷分散装置の運用管理の手間を AWS 側に任せることができる、Elastic Load Balancing（以下 **ELB**）というマネージド型の負荷分散サービスを提供しています。

> **重要！**
> **コンポーネント間を疎結合にして伸縮自在性を実装し、AWS のメリットを活かすシステム構成にする！**

9-2　ELB

ELB は、マネージド型の負荷分散サービスで、受信したトラフィックを ELB の配下に配置された複数の EC2 インスタンスに分散します。AWS 側で冗長性を確保しており、負荷に応じて自動的に拡張し、通信／処理のボトルネックにならないように設計されています。

　ELB には、次のような機能があります。

- 複数の AZ にまたがる負荷分散
- EC2 インスタンスのヘルスチェック
- ELB 自体の自動スケーリング
- SSL のオフロード

- Connection Draining
- アクセスログ記録
- ステ／ッキーセッション

(1) 複数の AZ にまたがる負荷分散

　ELB では、図 9-2-1 のように、受信したトラフィックを複数の AZ にまた
がって負荷分散することができます。これにより、複数の AZ に EC2 イ
ンスタンスを冗長的に配置し、可用性の高いシステムを構築することがで
きます。これは、7 つのベストプラクティスの 1 つである「故障に備えた
設計で障害を回避」を実現する重要な要素です。

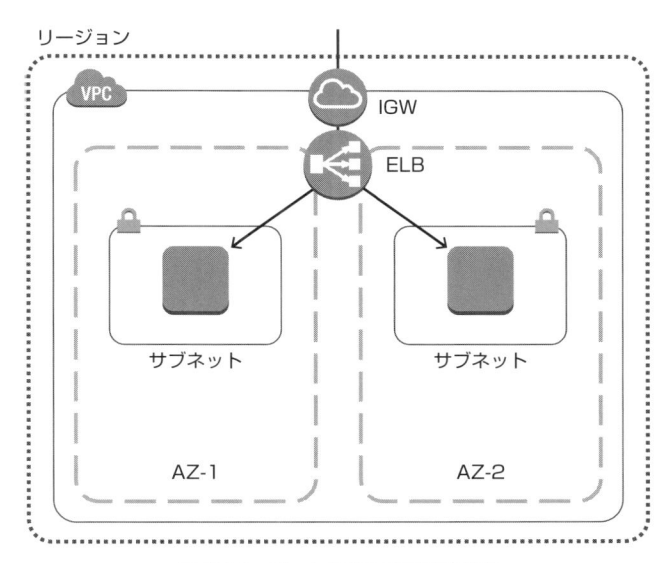

図 9-2-1　ゾーンをまたいだ負荷分散

(2) EC2 インスタンスのヘルスチェック

　ELE は、配下に配置されている EC2 インスタンスのヘルスチェックを定
期的に実行しています。そして、図 9-2-2 のように、異常を検知するとそ
のインスタンスに対してはトラフィックの分散をやめ、残りの正常なイン
スタンスにのみトラフィックを分散します。その際、ELB は異常を検知し
たインスタンスの分析や復旧作業などは行いません。

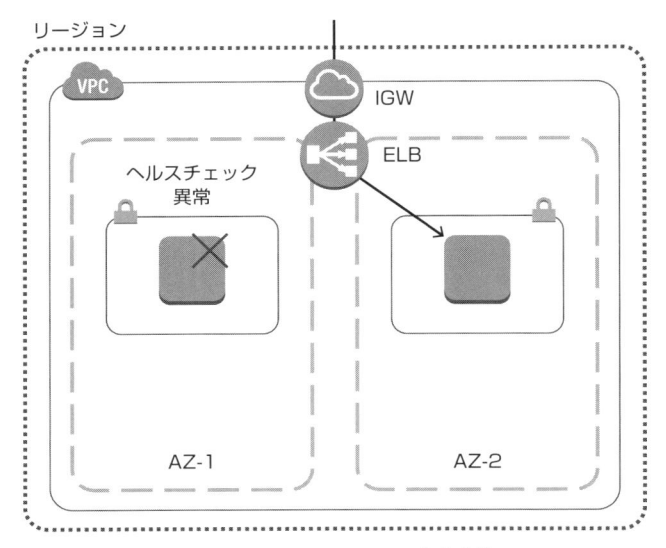

図 9-2-2　ヘルスチェックと負荷分散

> **補足**　ELB の配下に配置している EC2 インスタンスを再起動した際、ELB のヘル
> スチェック間隔によってはインスタンスの異常と判定され、そのインスタン
> スへのトラフィックの分散が行われなくなります。以前は、EC2 インスタン
> スが再起動後に正常に戻っても、その EC2 インスタンスへのトラフィックの
> 送信を再開しませんでしたが、2015 年 12 月に EC2 インスタンスの ELB へ
> の自動再登録が可能になりました。

(3) ELB 自体の自動スケーリング

ELB は、受信するトラフィックの流量に合わせて、自動的にその実体を
増減させます。ELB を作成すると、図 9-2-3 のように、「example.ap-
northeast-1.elb.amazonaws.com」といった DNS 名が作られ、ELB の実
体が持つ IP アドレスと関連付け（名前解決）されます。負荷に応じて ELB
の実体が増えれば、DNS 名と新たな IP アドレスとの関連付けが行われ、
逆に、ELB の実体が減れば、関連付けが削除されます。そのため、ELB を
利用したシステムでは、ELB の実体の IP アドレスがわかったとしても、IP
アドレスは使わずに DNS 名を使用します。ELB の実体に割り当てられる
IP アドレスは、VPC のサブネット内の IP アドレスになります。

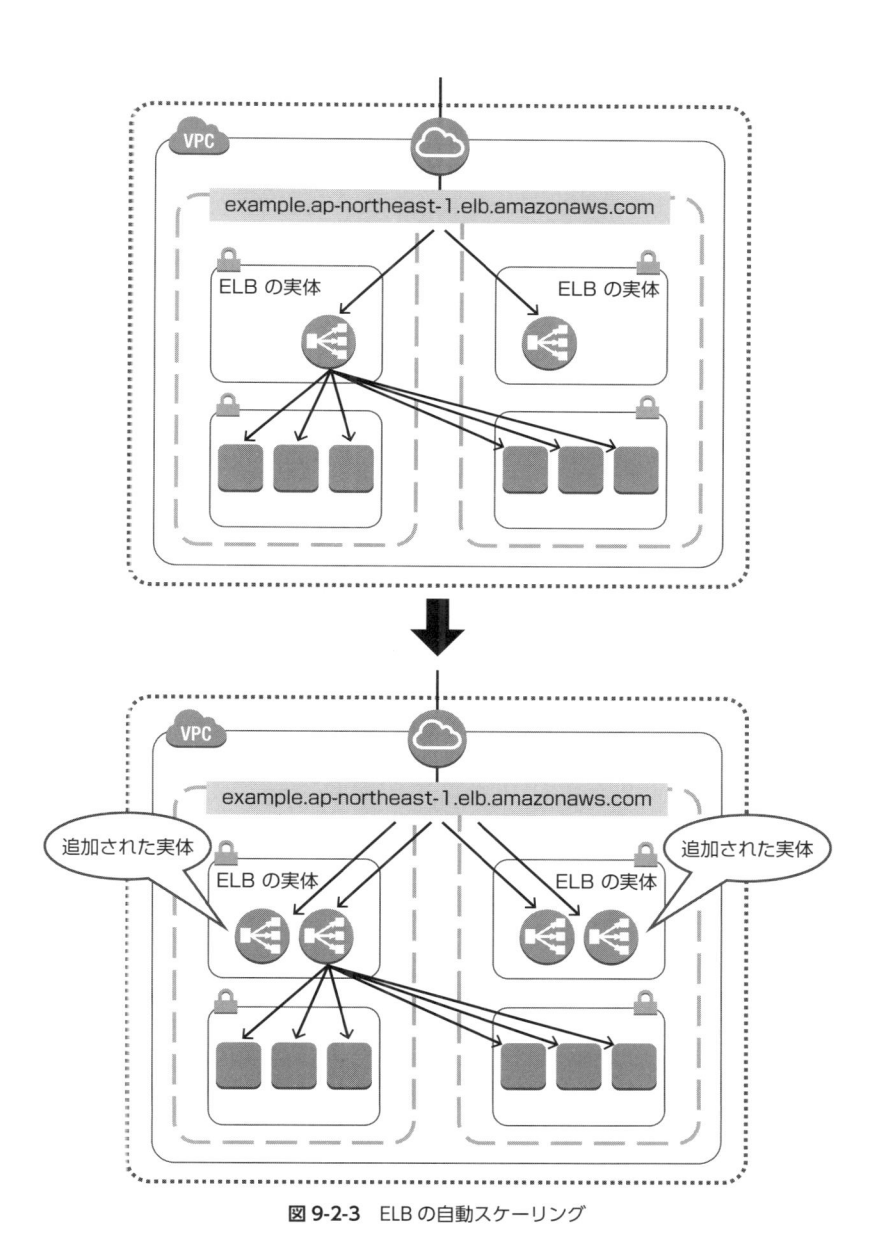

図 9-2-3 ELB の自動スケーリング

図 9-2-3 のように ELB の実体はサブネットの中に作成されますが、システム構成図としては図 9-2-1 のように AZ にまたがる負荷分散を実現して

いるサービスとして、AZ の間に ELB を描くことが多いです。以降の図で
も AZ の間に ELB のアイコンを配置します。

(4) SSL のオフロード

クライアントと AWS 上のシステムの間で SSL 通信をしたい場合、SSL 証
明書は各 EC2 インスタンスに配置するのではなく、ELB に配置して一元
管理することができます。

(5) Connection Draining

ELB には、Connection Draining という機能があります。これは、ELB が
配下の EC2 インスタンスの登録解除をするときに、新規のリクエストに
ついてはそのインスタンスへのトラフィックの送信を停止し、登録解除前
にそのインスタンスで処理中だったリクエストについては完了まで待つよ
うにする機能です。Connection Draining を有効にしておけば、EC2 イン
スタンスをメンテナンスのために ELB の配下から登録解除する際や、こ
の後紹介する Auto Scaling で EC2 インスタンスが自動的に削除される際
に、クライアントのリクエスト処理が中断されてしまうことがなくなりま
す。

(6) アクセスログ記録

ELB にはアクセスログ収集機能があり、ELB に送信されたアクセスログを
S3 バケットに保存することで、アクセスログを一元管理することができ
ます。

(7) スティッキーセッション

ELB には、スティッキーセッションという、システムにアクセスしてい
るクライアントを特定の EC2 インスタンスに紐付けできる機能がありま
す。例えば、図 9-2-4 のように、ユーザ認証が必要な会員 Web サイトを
EC2 インスタンス上に構築し、その前段に ELB を配置しているとします。
クライアントは、会員 Web サイトにアクセスした際、ELB によって割り
振られたある EC2 インスタンスの Web サーバ上でユーザ認証手続きを行
います。ユーザ認証に成功すると、Web サーバ側でセッション情報が保持

されるため、クライアントが会員 Web サイト内で別のページを閲覧して
再度 Web サーバに要求が送られても、Web サーバはセッション情報を参
照することで認証済みであることが確認でき、あらためてユーザ認証処理
を行わずに済みます。ところが、ELB を Web サーバである EC2 インスタ
ンスの前段に配置している場合、別ページに遷移する際にアクセス（ペー
ジの要求）先が別の EC2 インスタンス（Web サーバ）に割り振られてしま
うかもしれません。そうすると、新たにアクセスされた Web サーバはそ
のクライアントのセッション情報を保持していないため、クライアントは
再度ユーザ認証を求められてしまうことになります。この対策として、図
9-2-4 に示す ELB のスティッキーセッション機能を利用することで、クラ
イアントを特定の EC2 インスタンスに紐付けることができ、クライアン
トが再度認証手続きを求められるような状況が発生するのを防ぐことがで
きます。

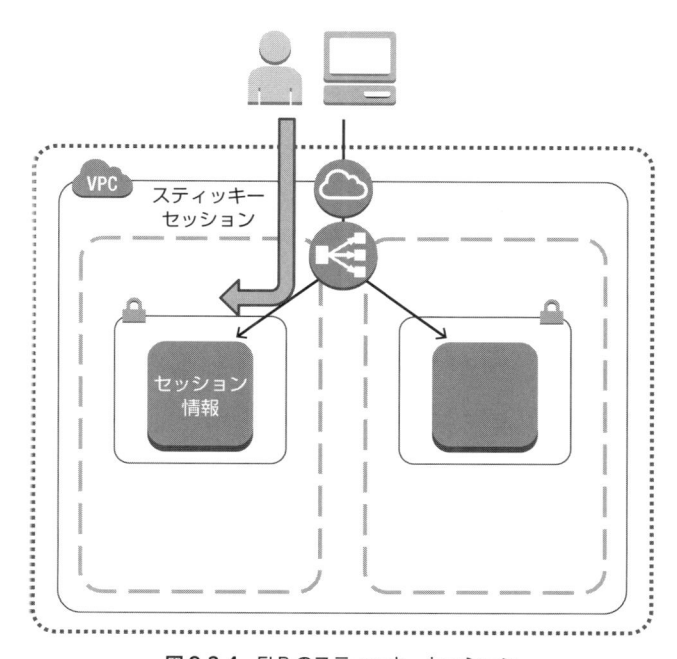

図 9-2-4 ELB のスティッキーセッション

ただし、スティッキーセッションは AWS のメリット／ベストプラクティス

の 1 つである「伸縮自在性を実装」に影響を及ぼすので、注意が必要です。後述する Auto Scaling を有効にして、負荷の変動に伴い EC2 インスタンスが自動的に増減する Web システムを構築したとします。このとき、スティッキーセッション機能が有効になっていると、新たなインスタンスが追加されても、各クライアントが特定のインスタンスに紐づけられているため、負荷が適切に分散されない場合があります。

　AWS のメリット／ベストプラクティスの 1 つである「伸縮自在性を実装」するためには、「コンポーネント間が疎結合」であることの他に、「各コンポーネントが特定の状態を持たない（**ステートレス**）」であることが重要です。ここでは「セッション情報」という特定の状態を該当の EC2 インスタンスが持ってしまっているため、システムの伸縮自在性を阻害しています。そこで、ELB のスティッキーセッション機能を利用するのではなく、7 章で紹介した ElastiCache や DynamoDB を利用し、セッション情報を Web サーバの EC2 インスタンスの外に出す構成にします。こうすることで、各 EC2 インスタンスは「ステートレス」になり、クライアントは ELB によってどのインスタンスに割り振られてもそれを意識することなく Web システムを利用でき、伸縮自在性の実装が実現できます。

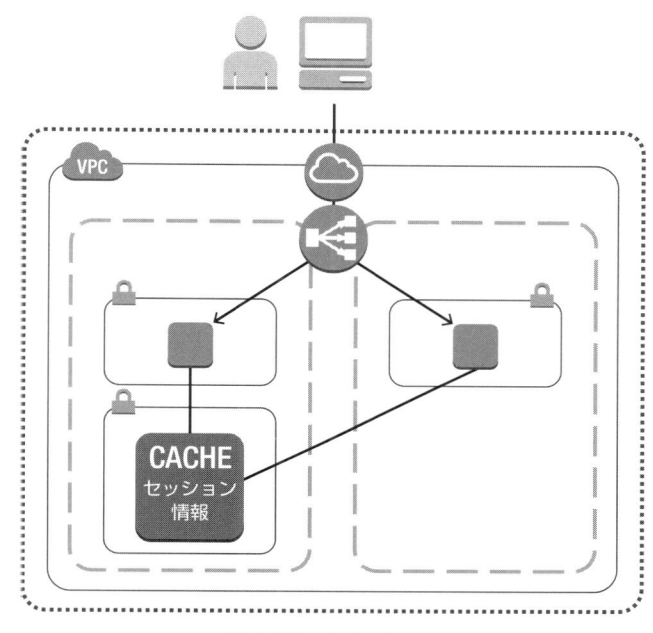

図 9-2-5 ステートレス

1

2

3

4

5

6

7

8

9

10

11

12

試験のポイント！

ELB の機能／特徴を理解して、ELB によるシステムの可用性向上メリットを押さえる！

9-3 分散／並列処理

あるインスタンスタイプの EC2 インスタンス 1 台では性能が不足する場合、その対処方法として次の 2 つが考えられます。

(1) スケールアップ：インスタンスタイプを変更し、よりスペックの優れた EC2 インスタンスに変更する（図 9-3-1）。

(2) スケールアウト：既存の EC2 インスタンスはそのままに、同じ機能の EC2 インスタンスの台数を増やして分散処理させる（図 9-3-2）。

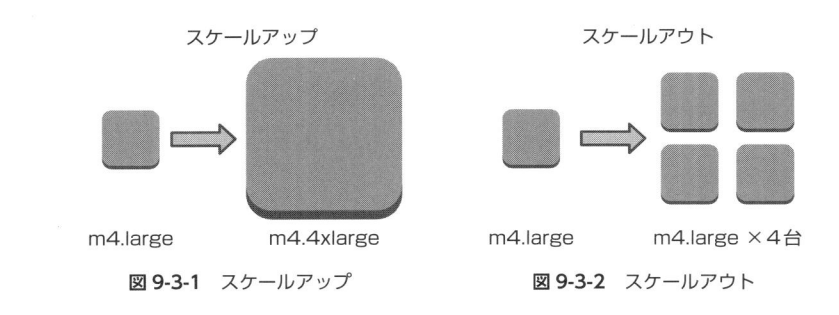

スケールアップ　　　　　　　　　　　　スケールアウト

m4.large　　m4.4xlarge　　　　　m4.large　　　m4.large ×4台

図 9-3-1　スケールアップ　　　　　　**図 9-3-2**　スケールアウト

(1) のスケールアップで対応した場合、次の 4 つの問題が発生します。

- インスタンスタイプを変更するには EC2 インスタンスを停止する必要があり、1 台のインスタンスの場合は業務を停止する必要がある。
- インスタンスタイプのサイズは決められており、最終的にはスペックの限界がある。
- EC2 インスタンス 1 台の可用性はどのインスタンスタイプでも同じため、1 台のインスタンスでシステムを構成する場合、7 つのベストプラクティスの「故障に備えた設計で障害を回避」を実践できない構成になり、複数台構成のシステムよりも可用性が下がる。
- システムの負荷が減少した際、スケールアップしたインスタンスタイプではオーバースペックになる。コストメリットを図るためにスケールダウンするには再度 EC2 インスタンスを停止する必要がある。

　オンプレミスでは用意できる IT リソースが限られるため、決められたスペックのサーバを決められた台数でシステムを構成することが多くなります。オンプレミス環境でサーバに障害が発生すれば、当然修理して復旧させる必要があります。

　一方、AWS では、いくらでも EC2 インスタンスを用意することができます。このため、その業務が分散処理できるものであれば、サーバの負荷が高くなった際には EC2 インスタンスを複数台起動して処理を分散させるスケールアウトの対応をとることで、スケールアップの対応で発生する問題を回避できます。また、図 9-3-3 のように、1 台の EC2 インスタンスで 3 時間かかる処理も、分散処理が可能なら、同じインスタンスタイプの EC2 インスタンス 3 台で分散／並列処理を行って 1 時間で終わらせることができます。EC2 インスタンスの台数を増やしても、その起動時間は変わらないため、EC2 インスタンスの起動にかかる両者のコストは全く同じです。これは、7 つのベストプラクティスの 1 つである「処理の並列化を考慮」にあたり、分散／並列処理が可能なものは、並列化することにより業務を効率化することができます。

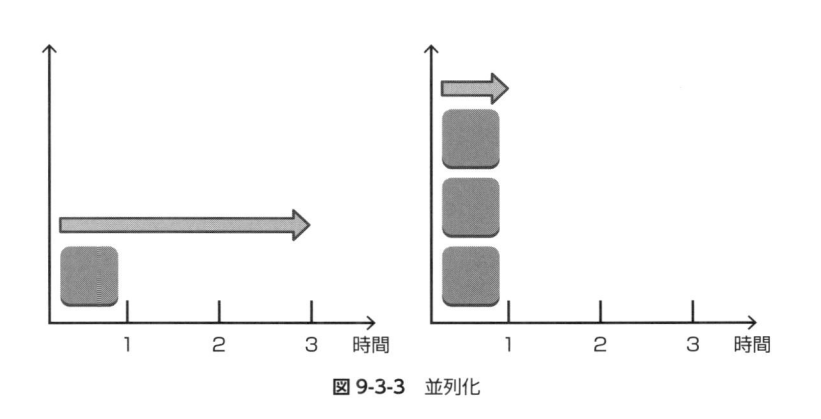

図 9-3-3 並列化

　以上のように、AWS を利用する際は、サーバ台数が限られているなどのオンプレミスに存在した様々な制約を恐れずに AWS を活用することで、コストメリットにとどまらない、AWS メリットを享受することができます。逆に、AWS のサービスの仕様上、オンプレミスで利用していた機能が利用できなくなるという制約が存在する場合もあります。ところが、システムの目的であ

る何らかの「サービス」の提供を考えた場合、AWS のサービスでも利用できる別の機能で同じ「サービス」を提供できることがほとんどです。AWS 上にシステムを構築する際、オンプレミス–AWS 双方の制約を恐れず、柔軟な考えでシステムを設計／構築することが重要です。これが 7 つのベストプラクティスの 1 つ「制約を恐れない」です。

> **試験のポイント！**
>
> 分散／並列化できる処理は並列化（スケールアップではなくスケールアウト）して、業務を効率化する！

9-4　Auto Scaling

　AWS の特徴の 1 つである伸縮自在性を実現する機能が **Auto Scaling** です。Auto Scaling は、EC2 インスタンスで **Auto Scaling グループ**というグループを構成し、設定に従って自動的に EC2 インスタンスの台数を増減させます。分散／並列化できる処理を行う際、処理の負荷が変動するようであれば、負荷に応じてスケールアウト（EC2 インスタンスの台数を増やす）ことで並列処理が進みます。また、負荷が減少した際は**スケールイン**（EC2 インスタンスの台数を減らす）ことで、コストメリットが図れます。Auto Scaling の利用料金は無料で、かかる費用は Auto Scaling によって起動した EC2 インスタンスの利用料金のみです。

　Auto Scaling には、次のようなユースケースがあります。

- 負荷に基づいた利用
  - Web サイトへのアクセス数が増減
  - ランダムに要求が発生するバッチ処理のジョブ数が増減
- スケジュールに基づいた利用
  - 毎月決まった時間に発生するバッチ処理
  - チケット販売などで、販売開始時刻が決まっている Web サイト

- 正常な EC2 インスタンスの台数を維持するための利用
  - 数分のダウンタイムは許容される 1 台構成のシステム

　ここでは、負荷に基づいた Auto Scaling の利用について説明します。図 9-4-1 のように、ELB の配下に Auto Scaling グループで構成されている Web サイトがあり、CloudWatch によって Auto Scaling グループ（全 EC2 インスタンス）の CPU 利用率の平均をモニタリングします。Auto Scaling グループの CPU 利用率のメトリックスに 70% という閾値を設定しておき、70% を超えたら OK からアラームに状態が遷移し、そのアクションとして Auto Scaling が発動するように設定します。Auto Scaling の発動により EC2 インスタンスの台数が増えれば、Auto Scaling グループの CPU 利用率は減少し、アラームが再び OK に遷移します。CloudWatch によるモニタリングを続け、再びアラームが発生すれば EC2 インスタンスを増やしたり、あるいは減らしたりという増減を自動化します。

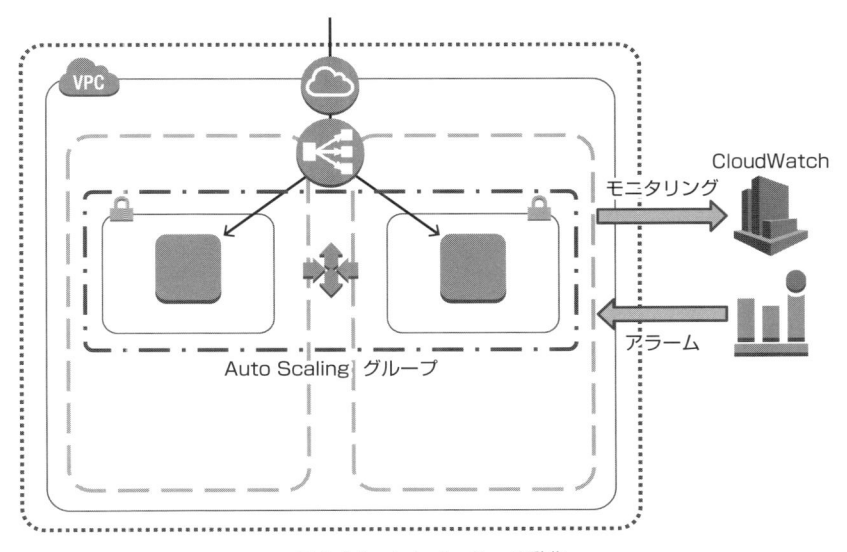

図 9-4-1　Auto Scaling の動作

　Auto Scaling には、次の 3 つのコンポーネントが存在します。

(1) 起動設定（Launch Configuration）

(2) Auto Scaling Group（「Auto Scaling グループ」とは異なり、設定項目です）

(3) Auto Scaling ポリシー

(1) 起動設定（Launch Configuration）

「どんな EC2 インスタンスを起動するか？」という設定です。Auto Scaling で EC2 インスタンスを増やす際の EC2 インスタンスの起動設定で、次の項目を設定します。

- AMI
- インスタンスタイプ
- IAM ロール
- CloudWatch 詳細モニタリング
- ユーザデータ
- IP アドレス
- ストレージ（EBS、インスタンスストア）
- セキュリティグループ
- キーペア
  など

(2) Auto Scaling Group

「どこに、どんな規模のグループ？」という設定です。EC2 インスタンスが起動するサブネットや、特定の ELB の配下など、どこに？ という設定の他、最小／最大台数などグループの規模を決める設定で、次の項目を設定します。

- スタートのグループサイズ（初期 EC2 インスタンス数）
- サブネット（AZ）
- ELB（ヘルスチェック設定も含む）
- 最小／最大グループサイズ（EC2 インスタンス数）
  など

(3) Auto Scaling ポリシー

「いつ、何台増減させるか？」という設定です。例えば、負荷に基づく
スケーリングであれば、CPU 利用率の CloudWatch アラームを設定し
ておき、OK からアラームに状態遷移した際に、アクションとして Auto
Scaling ポリシーを呼び出します。

- アラーム X が発生した際（OK からアラームに遷移した際）／指定した日
  時
- N 台追加／削除
- 猶予時間（インスタンスの増減後に、次の増減アクションが発生するま
  でのクールダウン時間）

> **補足** 2015 年 7 月に Auto Scaling ポリシーに「Step scaling」というタイプが追
> 加され、それまでのポリシーは「Simple scaling」というタイプになり、どち
> らかを選択できるようになりました。Simple scaling タイプは、1 つの調整
> 値に基づいて EC2 インスタンスを増減させますが、Step scaling は複数の調
> 整値に基づいてインスタンスを増減させます。Step scaling では、例えば、
> 1 分間の CPU 利用率の平均が閾値の 60% を 1 期間連続で上回っている場合
> にインスタンスを 1 台増やし、その 300 秒後に引き続き CPU 利用率が 70%
> を上回ればさらにインスタンスを 1 台増やすという、複数ステップでの増減
> が可能です。

試験のポイント！

Auto Scaling における 3 つの設定項目を押さえる！

Auto Scaling には、次の 2 つの特徴（大原則）があります。

- 正常な EC2 インスタンスを希望する台数（Desired Capacity）維持するた
  め、インスタンスのヘルスチェックをかけている
- Auto Scaling グループが複数の AZ にまたがるとき、AZ 間で EC2 インス
  タンス数を均等にする

Auto Scaling には「希望する台数（Desired Capacity）」という設定があり
ます。これは、Auto Scaling グループ作成時は「スタートのグループサイズ」

で、その後は Auto Scaling ポリシーや手動設定により Auto Scaling グループの最小〜最大台数の範囲で変動します。Auto Scaling は「希望する台数」を正常なインスタンス数で維持するため、EC2 インスタンスのヘルスチェックをかけており、異常なインスタンスを検出するとそのインスタンスを削除し、新たなインスタンスを起動します。また、複数の AZ にまたがる Auto Scaling グループを構成しており、Auto Scaling によって既存の EC2 インスタンスが削除される、あるいは新たな EC2 インスタンスが起動される際、Auto Scaling は複数の AZ 間でインスタンスの数が均等になるように増減させます。例えば、次のような設定を考えてみます。

【例：Auto Scaling Group と Auto Scaling ポリシー設定】

- AZ-1 と AZ-2 の 2 つのサブネットにまたがる Auto Scaling Group
- 最小台数：2 台
- 最大台数：8 台
- スタートのグループサイズ：2 台
- 増加する Auto Scaling ポリシー：CPU 利用率 60% を超えたアラームで 1 台増やす
- 削減する Auto Scaling ポリシー：CPU 利用率 30% を下回ったアラームで 1 台減らす

① Autc Scaling グループを作成する（スタートのグループサイズは 2 台）

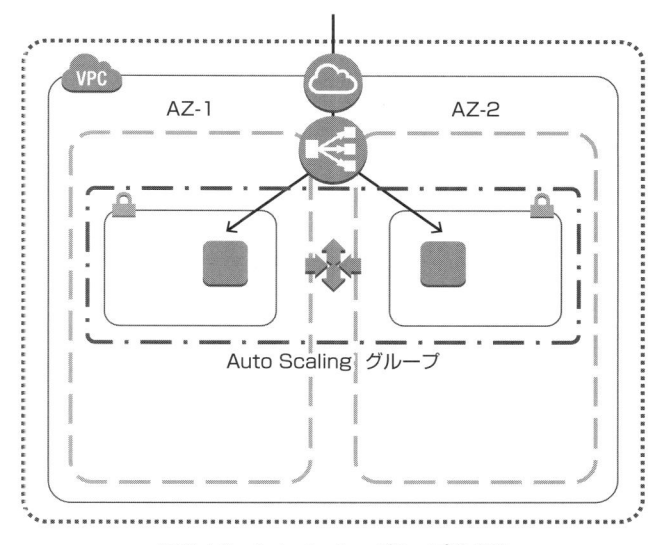

図 9-4-2 Auto Scaling グループ作成時

② 負荷が 60% を超えたため、1 台 EC2 インスタンスを増やす
（増やす AZ は任意）

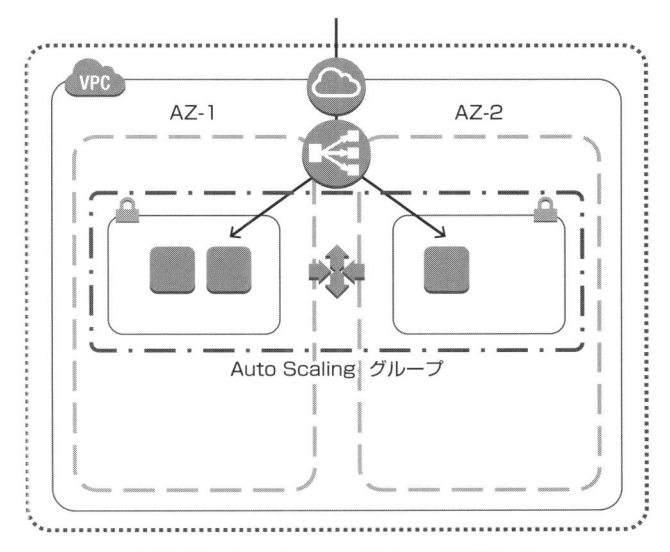

図 9-4-3 Auto Scaling ポリシーの呼び出し①

③　負荷が再度 60% を超えたため、1 台 EC2 インスタンスを増やす
　　（必ず台数が少ない AZ 内のサブネットに 1 台増やします）

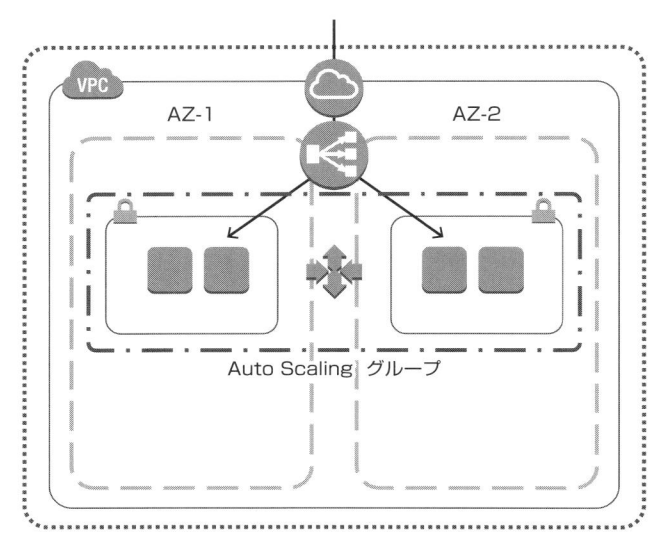

図 9-4-4　Auto Scaling ポリシーの呼び出し②

④　負荷が 30% を下回ったため、1 台 EC2 インスタンスを減らす
　　（減らす AZ は任意）

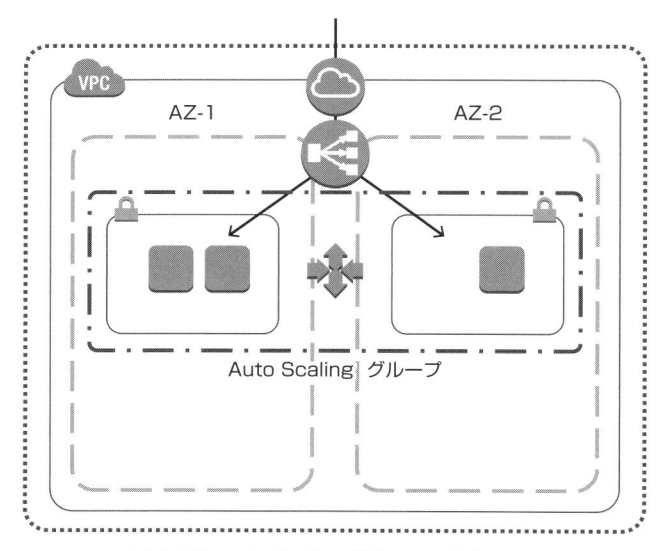

　　　　　　　　図 9-4-5　Auto Scaling ポリシーの呼び出し③

⑤ 負荷が再度 30% を下回ったため、1 台 EC2 インスタンスを減らす
（必ず台数が多い AZ 内のサブネットの 1 台を減らします）

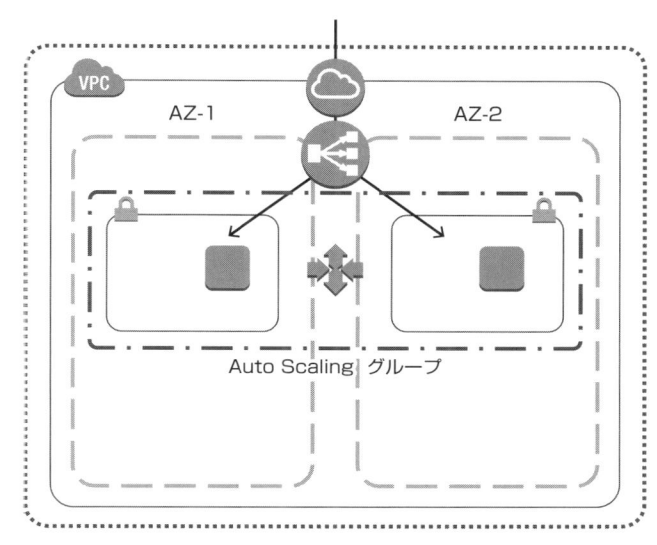

図 9-4-6 Auto Scaling ポリシーの呼び出し④

EC2 インスタンスを減らす際の減らし方は、利用者が設定できますが、デフォルトでは、次の順番に特定された EC2 インスタンスが 1 台削除されます。

① 起動している台数が最も多い AZ のインスタンス（大原則）
② 起動設定（Launch Configuration）が最も古いインスタンス
③ 次の課金タイミングが最も近いインスタンス

┌─ **試験のポイント！** ─────────────────────────
Auto Scaling における大原則を押さえ、EC2 インスタンスの増減がどのように発生するかを押さえる！
└──────────────────────────────────────

9-5 SQS

　AWS には、Amazon Simple Queue Service（以下 **SQS**）というマネージド型のメッセージキューサービスがあります。これは、ELB と並んでコンポーネントを疎結合にする要素で、AWS で分散／並列処理を行う上で重要なサービスです。

　例えば、複数の重たいバッチ処理を並列で処理する場合を考えてみます。図 9-5-1 のように、処理を依頼するフロントの EC2 インスタンスとバッチ処理を処理する EC2 インスタンスが密結合している場合、バッチ処理のインスタンスに伸縮自在性はありません。

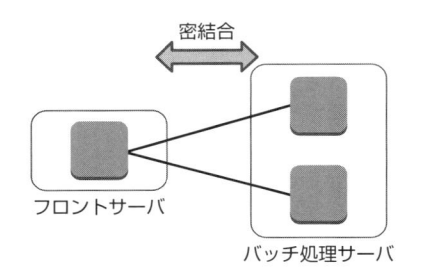

図 9-5-1　密結合バッチ処理

　一方、図 9-5-2 のように、フロントの EC2 インスタンスとバッチ処理の EC2 インスタンスの間に SQS を導入し、システムを疎結合にすると、バッチ処理のインスタンスに伸縮自在性を持たせることができ、処理の負荷によってインスタンス数を増減させることができます。

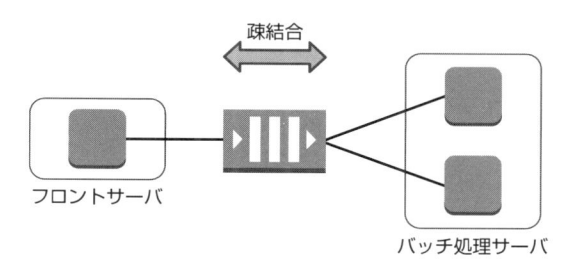

図 9-5-2 疎結合バッチ処理

　SQS には、次のような特徴があり、その特徴を押さえて利用する必要があります。

(1) Pull 型 (ポーリングされる必要がある)
(2) 順序性の保証はしない (FirstInFirstOut が保証されない)
(3) 最低 1 回配信保証
(4) 可視性タイムアウト
(5) メッセージサイズは最大 256KB

(1) Pull 型 (ポーリングされる必要がある)

　SQS は Pull 型のメッセージキューであり、図 9-5-3 のようにアプリケーションからポーリングされる必要があります。

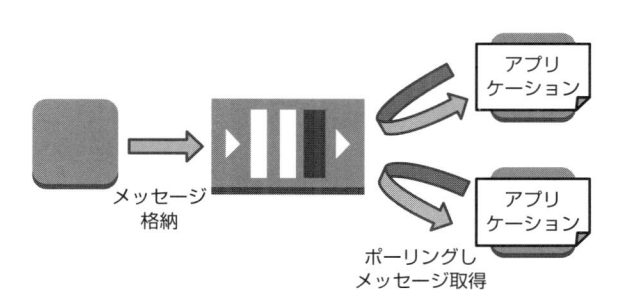

図 9-5-3 Pull 型

(2) 順序性の保証はしない（FirstInFirstOut が保証されない）

SQS はマネージド型のキューサービスで、配信すべきメッセージが失われないように複数のストレージに冗長的にメッセージが保持されています。メッセージの物理的な保持形式とメッセージの取得アルゴリズムによりメッセージの順序性は保証されておらず、後から登録したメッセージが先に登録したメッセージよりも先に取得されることがあります。

(3) 最低 1 回配信保証

メッセージは、あるアプリケーションによって取得されてもキューから削除されることはなく、図 9-5-4 のようにアプリケーションがバッチ処理の最後に明示的に削除する必要があります。この特徴により、メッセージを取得したアプリケーションがバッチ処理中に障害などで停止してしまっても、他のノード（EC2 インスタンス）上のアプリケーションが再度同じメッセージを取得して、バッチ処理を実行できます。

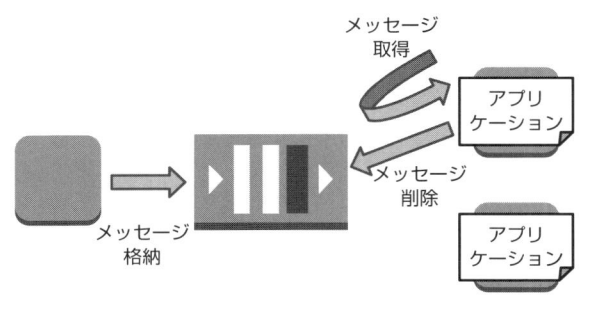

図 9-5-4　最低 1 回配信保証

(4) 可視性タイムアウト

SQS には、あるメッセージを取得したアプリケーションがバッチ処理を実行中に、他のノード（EC2 インスタンス）上のアプリケーションがキューに残っている同じメッセージを取得して同じ処理をしないよう、可視性タイムアウト（図 9-5-5）という機能が備わっています。可視性タイムアウトのデフォルトは 30 秒で、利用者による設定も可能です。

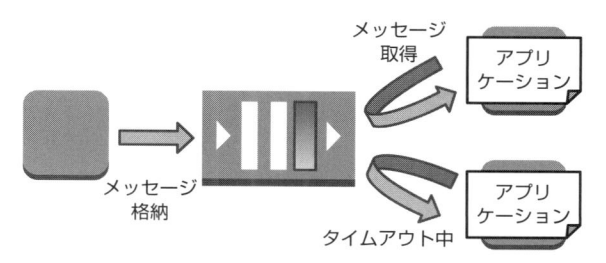

図 9-5-5 可視性タイムアウト

(5) メッセージサイズは最大 256KB

SQS に格納できるメッセージの最大サイズは 256KB であるため、実際の処理対象データが大きい場合は、S3 などの外部ストレージに保存し、SQS にはデータの格納先の情報を格納します。アプリケーションは、SQS からメッセージを取得すると、実際の処理対象データを S3 などの格納先からダウンロードして処理を実行します。（図 9-5-6）

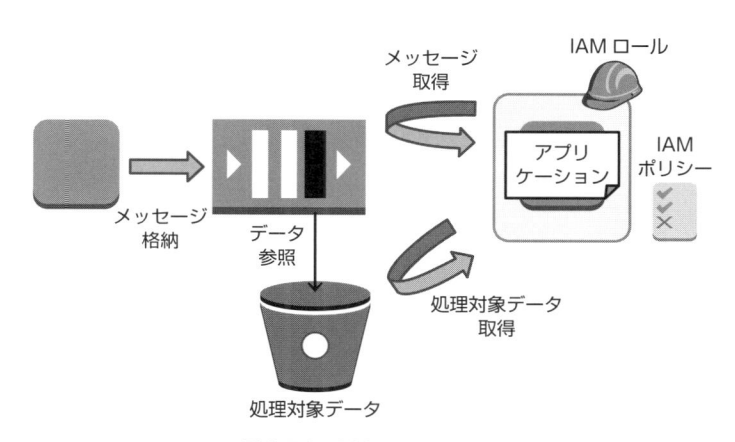

図 9-5-6 SQS のユースケース

SQS は、リージョンサービスであり、プライベートサブネットからキューのポーリングやメッセージの格納といった操作を行うには、NAT インスタンスが必要です。SQS に対する操作は IAM によってアクセス管理を行い、SQS にアクセスするアプリケーションが EC2 インスタンス上で動作する場合は、SQS へのアクセス許可の IAM ポリシーが設定された IAM ロールを EC2 イン

スタンスに割り当てることで、安全に SQS へのアクセスを制御できます。

9-6 SWF

Amazon Simple Workflow（以下 **SWF**）は、マネージド型のタスクコー
ディネータです。これは、商品の発注／請求処理のワークフロー（処理の流れ）
のような、重複が許されない、厳密に 1 回限りで順序性が求められる処理の
コーディネータとしての利用に適しています。

SWF は、次の 3 つの要素から構成されます。

- **ワークフロースターター**：ワークフローを開始する。
- **ディサイダー**：ワークフロー中の各処理を調整する。
- **アクティビティワーカー**：ワークフロー中の各処理を実行する。

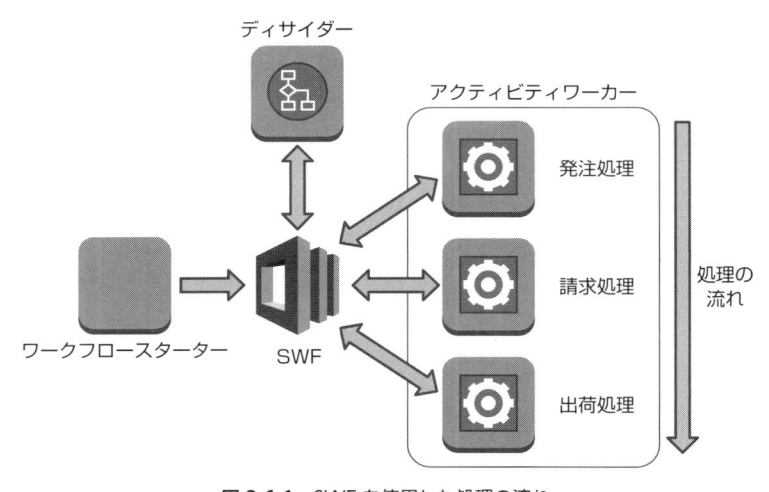

図 9-6-1　SWF を使用した処理の流れ

━━ 試験のポイント！━━━━━━━━━━━━━━━━━━━━━

分散／並列処理における厳密に 1 回限りで順序性が求められる処理とい
う SWF のユースケースを押さえる！

章末問題

Q1 ELB について、その特徴やメリットを正しく説明している選択肢はどれか？

○ **A** マルチリージョン（東京リージョンとソウルリージョン）に EC2 インスタンスを冗長的に起動し、それらを ELB の配下に配置することで、リージョンレベルの障害にも備えた高可用なシステムを構築できる。

○ **B** ELB は配下の EC2 インスタンスのヘルスチェックを行っており、異常のインスタンスを検出すると、そのインスタンスをターミネートし、配下から削除する。新しいインスタンスの起動については、Auto Scaling と組み合わせて利用する必要がある。

○ **C** ELB は PC からのアクセスやモバイル端末からのアクセスなど、受信したトラフィックの種類に応じて特定の EC2 インスタンスにトラフィックを分散することができる。

○ **D** ELB は負荷に応じて ELB 自体が動的にスケーリングすることにより、ボトルネックにならないように設計されている。スケーリングに応じて ELB の実体の IP アドレスも変化するため、ELB の IP アドレスを直接指定（使用）してはいけない。

Q2 可用性やコストメリットを考慮した上で、適切なシステム構成はどれか？正しい選択肢を**全て**選べ。

□ **A** システムの負荷テストを 1 週間かけて行い、予測される最大の負荷に対応できる EC2 インスタンスタイプ／数を初期構成とする。予測できない負荷に対しては、Auto Scaling を実装して対応する。

□ **B** システムの負荷テストは 1 日で終わらせ、予測される平均の負荷に対応できる EC2 インスタンスタイプ／数を初期構成とする。予測できない負荷に対しては、Auto Scaling を実装して対応する。

□ **C** オンプレミス環境で 80 時間かかっていた分散／並列処理が可能なバッチ処理がある。この処理をコンピューティング最適化インスタンスファミリーの中で一番性能／利用料金の高い c4.8xlarge を 1 台使用して 40 時間で処理する。

□ **D** オンプレミス環境で 80 時間かかっていた分散／並列処理が可能なバッチ処理がある。この処理をコンピューティング最適化インスタン

スファミリーの中で一番性能／利用料金の高い c4.8xlarge を 40 台使用して 1 時間で処理する。

Q3 年末年始の休暇が 1 ヶ月後に迫り、Auto Scaling 設定がされている運航チケット予約 Web システムの EC2 インスタンスの最大数を一時的に増やしたい。Auto Scaling のどの設定を変更したらよいか？

○ **A** 起動設定 (Launch Configuration)
○ **B** Auto Scaling Group
○ **C** Auto Scaling ポリシー
○ **D** CloudWatch アラームの閾値

Q4 2 つの AZ（AZ-1 と AZ-2）内のサブネットが設定された Auto Scaling グループがある。現在それぞれの AZ に 2 台ずつ Auto Scaling グループに所属している EC2 インスタンスが起動している。Auto Scaling ポリシーで CPU 利用率が 70% を超えたら 2 台インスタンスを増やし、40% を下回ったら 1 台インスタンスを減らし、さらに 30% を下回ったら 1 台インスタンスを減らす設定をしている。CPU 利用率が次のように推移した場合、各 AZ のインスタンス数の分布として発生しうる選択肢はどれか？正しい選択肢を**全て**選べ。
CPU 利用率：50% → 75% → 45% → 35%

☐ **A** AZ-1：3　　AZ-2：3
☐ **B** AZ-1：2　　AZ-2：2
☐ **C** AZ-1：3　　AZ-2：2
☐ **D** AZ-1：2　　AZ-2：3

Q5 SQS を導入することで効果が見込まれるシステムはどれか？

○ **A** 動画トランスコード
○ **B** 動画配信
○ **C** ショッピングサイトの買い物かご
○ **D** ショッピングサイトの注文−請求処理

答え

A1　D

A　ELB は AZ をまたがったトラフィックの分散はできますが、リージョンレベルでトラフィックを分散できません。

B　ELB は異常が検知された配下の EC2 インスタンスへはトラフィックの分散を中止するだけで、そのインスタンスに対して他の処理は行いません。

C　ELB は HTTP ヘッダの情報でトラフィックの送信先を分けるような L7 レベルの負荷分散をサポートしていません。

A2　B、D

予測できない負荷に対するテストに時間をかけるのではなく、負荷ベースの Auto Scaling を利用することで、負荷に対応します。運用開始後に最小／最大グループサイズを変更することもできます。

1 台のインスタンスを 40 時間稼働させる利用料金と 40 台のインスタンスを 1 時間稼働させる利用料金は同じため、可能な限り並列処理を実施することで、同じ料金で処理時間を短縮化できます。

A3　B

Auto Scaling において、最大グループサイズを規定しているのは Auto Scaling Group 設定です。

A4　C、D

CPU 利用率が 50% → 75% → 45% → 35% と推移したとき、EC2 インスタンスは 70% を超えた際に 2 台増え、40% を下回った際に 1 台減ります。その結果、マシン台数は 4 ＋ 2 － 1 で 5 台になります。Auto Scaling は各 AZ 間のマシン台数を均等化する仕様ですが、2 つの AZ で 5 台のため、どちらか一方の AZ が 3 台、もう一方の AZ が 2 台になります。

A5　A

A　動画のトランスコード処理は時間がかかる処理です。複数のトランスコード処理の要求が同時に発生した場合、SQS を利用することで、複数のノード（EC2 インスタンス）に分散処理が可能です。

B　後述の章の CloudFront で効率的な動画配信が可能です。

C　ショッピングサイトの買い物かごは参照される買い物リストが格納されるため、NoSQL のサービスである DynamoDB が適しています

D　発注／請求処理のような厳密な順序や回数が求められる処理に SQS は向いていません。厳密な順序や回数が求められる処理には SWF を利用します。

第 10 章

DNS とコンテンツ配信
(Route 53／CloudFront)

DNS とコンテンツ配信について

Route 53 は、AWS のマネージド型の DNS サービスです。Route 53 は、一般的な DNS サーバと同様にドメインを登録／管理することができ、管理するゾーン数やクエリ（問い合わせ）回数に応じた従量課金で低額な利用ができます。

また、AWS には CloudFront というコンテンツ配信のサービスがあり、大きなファイルを低レイテンシーで配信できます。

認定試験においては、どちらもそのユースケースについてよく出題されます。

10-1 エッジロケーション

AWS には、リージョンと AZ 以外に、**エッジロケーション**というデータセンタが世界に 50 カ所以上あります。エッジロケーションでは、EC2 や S3、RDS といったサービスではなく、本章で説明する Amazon **Route 53**（以下 Route 53）の DNS サーバや Amazon **CloudFront**（以下 CloudFront）のキャッシュサーバ、そして AWS WAF（Web Application Firewall）のサーバが動作しています。エッジロケーションは数が多いため、その具体的な場所については AWS の「グローバルインフラストラクチャ」ページで確認してください。

> **重要！**
> 世界 50 カ所以上のエッジロケーションを利用して、DNS サービスやコンテンツ配信（CDN）サービスが提供されている！

10-2 Route 53

Route 53 はマネージド型の DNS サービスで、DNS サービスが 53 番ポートを利用することからその名前が付けられています。Route 53 では、正／逆引きの名前解決（ゾーン管理）の他、ドメインの登録もできます。

Route 53 を利用してゾーン／ドメイン情報を登録すると、4 カ所のエッジロケーションの DNS サーバにゾーン／ドメイン情報が格納されます。そして、Route 53 が管理しているドメインに対してクエリ（問合せ）が発生すれば、その 4 カ所のうち、クエリを行ったエンドユーザに最も近い DNS サーバが応答します。4 カ所の DNS サーバが同時に停止する確率は限りなく低いため、Route 53 の SLA（Service Level Agreement）は 100% として提供されています。また、利用料金は、管理しているホストゾーン（従来の DNS ゾーンファイル）の数とクエリ回数などの従量課金制になっており、低額で利用することができます。

Route 53 は、次のレコードタイプをサポートします。

- A
- AAAA（IPv6）
- CNAME
- MX
- NS
- PTR
- SOA
- SPF
- SRV
- TXT
- ALIAS（エイリアス；AWS 独自レコード）

Route 53 では、通常の DNS サービスがサポートする A レコードや CNAME レコードをサポートしています。

表 10-2-1

名前	レコードタイプ	値
serv1.hitachi-ia.com	A	123.123.123.123
www.hitachi-ia.com	CNAME	serv1.hitachi-ia.com

表 10-2-1 の例では、serv1.hitachi-ia.com という名前に対するクエリには 123.123.123.123 という IP アドレスを返し、www.hitachi-ia.com という名前に対するクエリには serv1.hitachi-ia.com という別名を返します。

Route 53 は、「**ALIAS レコード**」という独自のレコードもサポートしています。ALIAS レコードは CNAME レコードと同じように機能しますが、CNAME レコードでは対応できない Zone Apex の名前解決をサポートします。**Zone Apex**（ゾーンエイペックス）とは、ゾーンの頂点のことで、表 10-2-1 の例であれば「hitachi-ia.com」を指します。DNS の仕様として、ある名前で CNAME レコードを定義した場合、その名前を別のレコードで名前解決することができません。

129

　いま、例えば、表 10-2-2 のように、ELB の DNS 名と Zone Apex（自ドメイン）を CNAME で名前解決させる例を考えます。

表 10-2-2

名前	レコードタイプ	値
hitachi-ia.com	SOA	nameserv.hitachi-ia.co.jp
hitachi-ia.com	CNAME	example.ap-northeast-1.elb.amazonaws.com

　ここでは、hitachi-ia.com という名前（Zone Apex）に対するクエリに example.ap-northeast-1.elb.amazonaws.com という別名を返すようにしたいのですが、そうすると、CNAME の制約から hitachi-ia.com というドメイン名（Zone Apex）に対する SOA など、ゾーン管理に必要な他のレコードを定義することができなくなってしまいます。このことから、CNAME レコードは Zone Apex に対応できません。

　ELB は、9 章で説明したように、実体が増減するため IP アドレスを使用することができず、必ず DNS 名を使用する必要があります。同様に、6 章で説明した S3 の静的 Web サイトホスティングでも、S3 上の Web サイトの指定に IP アドレスを使用することができず、mybucket.s3-website-ap-northeast-1.amazonaws.com のようなエンドポイント名で指定する必要があります。したがって、ELB の DNS 名や S3 のエンドポイント名を自ドメインの Zone Apex に関連付けたい場合には、CNAME ではなく、表 10-2-3 のように AWS の独自レコードである ALIAS レコードを利用します。

表 10-2-3

名前	レコードタイプ	値
hitachi-ia.com	ALIAS	example.ap-northeast-1.elb.amazonaws.com
www.hitachi-ia.com	CNAME	hitachi-ia.com

試験のポイント！

Route 53 の独自レコードである ALIAS レコードは、CNAME レコードでは対応できない Zone Apex の名前解決をサポートする！

　Route 53 では、各レコードに次のような設定を行えます。

- 加重ラウンドロビン
- レイテンシーベースルーティング
- 位置情報ルーティング
- ヘルスチェックとフェイルオーバー

　加重ラウンドロビンは、各レコードに重みづけをし、ある名前に対するクエリに指定された比率で異なる値を応答します。例えば、表10-2-4の例では、serv1.hitachi-ia.com に対するクエリが発生した場合、図10-2-1のように 7:3 の比率で設定された値を返します。

表10-2-4　加重ラウンドロビンの設定例

名前	レコードタイプ	値	重みづけ
serv1.hitachi-ia.com	A	123.123.123.123	70
serv1.hitachi-ia.com	A	213.213.213.213	30

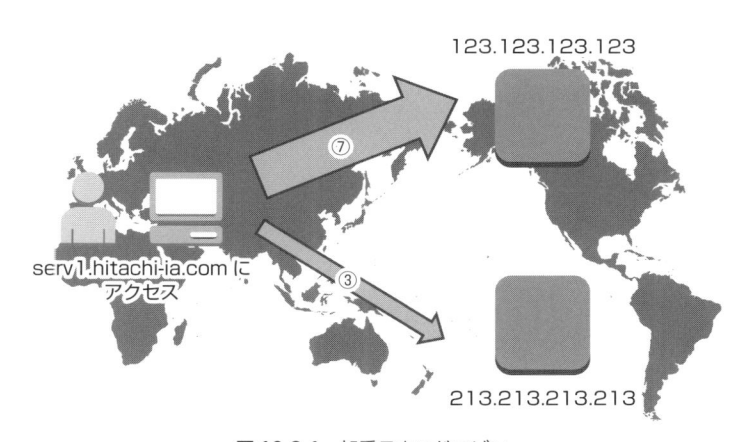

図10-2-1　加重ラウンドロビン

　全世界展開しているようなサービスを複数のリージョンで提供している場合には、レコードに対して**レイテンシーベースルーティング**対応と指定することで、クライアントへのレイテンシー（遅延）を小さくすることができます。表10-2-5の例のレイテンシーベースルーティング対応のレコードがあり、クライアントが hitachi-ia.com にアクセスした際、レイテンシーが小さくなるリージョンの ELB の DNS 名が返されます。

表 10-2-5

名前	レコードタイプ	値
hitachi-ia.com	ALIAS	example.ap-northeast-1.elb.amazonaws.com
hitachi-ia.com	ALIAS	example.us-east-1.elb.amazonaws.com

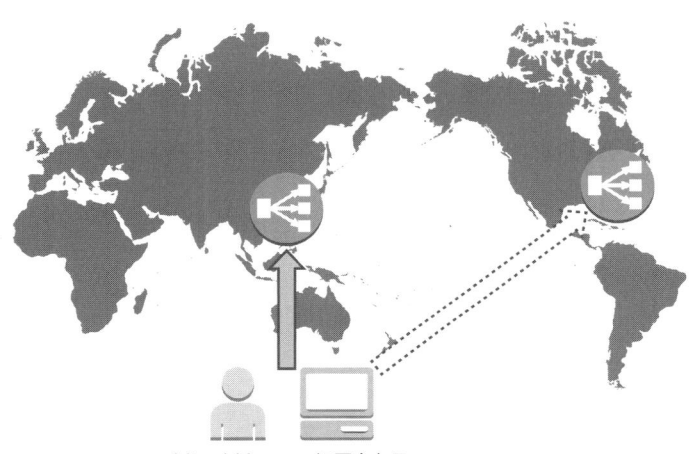

hitachi-ia.com にアクセス

図 10-2-2　レイテンシーベースルーティング

　位置情報ルーティングは、レイテンシーベースルーティングと似ています
が、こちらは、クライアントの IP アドレスを元に地理データベースでクライ
アントの接続元地域を特定し、地理的に近いレコードの値を返します。また、
特定のコンテンツを地理情報ルーティングを利用して特定の地域だけに配信
することもできます。

　Route 53 には**ヘルスチェック**機能があります。名前解決している Web
サーバなどが正常に動作しなくなった場合、その Web サーバに対するクエリ
が発生しても、Web サーバの IP アドレス／名前を返さなくなります。このと
き、事前に**フェイルオーバー**先の設定をしていれば、そのフェイルオーバー
先の IP アドレス／名前を返します。

　例えば、同じ hitachi-ia.com という名前に対して ELB の DNS 名と S3 の
エンドポイントを登録しておきます。ELB のレコードにヘルスチェック設定
をしておき、ELB をプライマリ、S3 をバックアップに設定しておくと、通常、

Route 53 は hitachi-ia.com に対するクエリの応答として ELB の DNS を返しますが、何らかの障害が発生して ELB が Web ページを返さなくなると、S3 のエンドポイントを返します（図 10-2-3）。

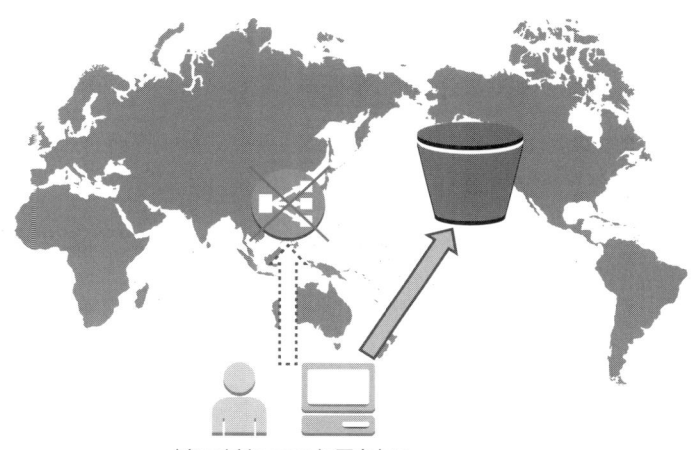

hitachi-ia.com にアクセス

図 10-2-3　DNS フェイルオーバー

　以上の Route 53 の機能を利用することで、ELB では実現できないリージョンレベルの負荷分散や冗長構成を実現できます。

> ■ 試験のポイント！
>
> Route 53 の各種機能による、リージョンレベルのユースケースを押さえる！

10-3 CloudFront

　S3 バケットに格納している動画オブジェクトを全世界のエンドユーザに配信することを考えます。6 章で説明したように、S3 バケットにオブジェクトとして格納すれば、次の例のような URL が付与されるため、アクセスコントロールリストなどで適切なアクセス許可を与えれば、動画オブジェクトにアクセスさせること（ダウンロード）ができます。

動画オブジェクト URL の例：
https://s3-ap-northeast-1.amazonaws.com/my-bucket/sp-movie.mp4

S3 はリージョンサービスであり、オブジェクトを格納するバケット
は指定したリージョン内に作成します。上記の例であれば、URL に「ap-
northeast-1」というリージョン名が付いており、動画オブジェクトが東京リー
ジョンに格納されていることがわかります。この動画オブジェクトをブラジ
ルからアクセス（ダウンロード）する場合、東京リージョンからダウンロード
しなくてはいけないため、動画オブジェクトのサイズによっては大きなレイ
テンシー(遅延) が発生します (図 10-3-1) 。

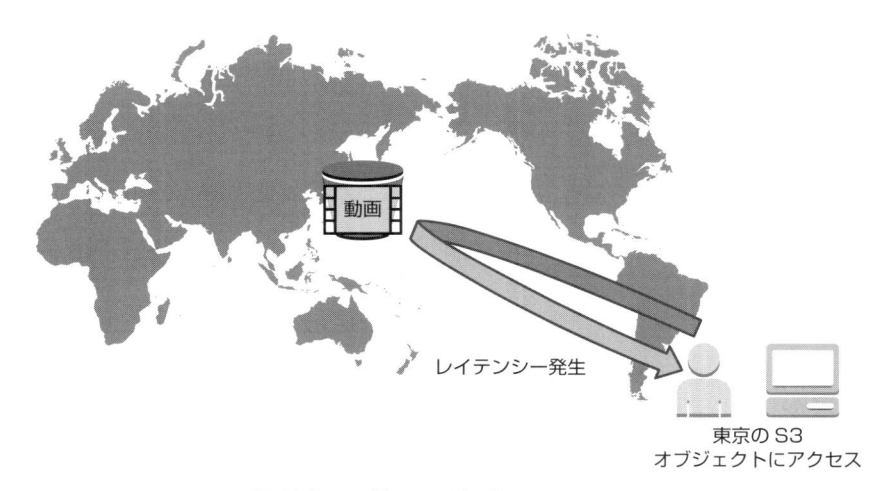

レイテンシー発生

東京の S3
オブジェクトにアクセス

図 10-3-1　ダウンロードの際のレイテンシー

しかし、動画のような「いつ／誰がアクセスしてもコンテンツが変わらな
い」**静的コンテンツ**であれば、CloudFront を利用することで、レイテンシー
を小さくすることができます。CloudFront は **CDN**（Contents Delivery
Network）サービスで、全世界に 50 カ所以上存在するエッジロケーションに
コンテンツをキャッシュし、コンテンツにアクセスするエンドユーザは地理
的に近いエッジロケーションからコンテンツをダウンロードすることで、高
速なダウンロードが可能になります。CloudFront はアクセス回数とデータ転
送量による従量課金制であり、長期契約や最低利用料金は必要ありません。

CloudFront を利用する流れは、次のとおりです。

① 動画などアクセス（ダウンロード）させたいコンテンツ（ファイル）を
S3 バケットや EC2 インスタンス／ELB、あるいはオンプレミスのサーバ
に格納します。これらの格納先を「オリジンサーバ」といいます（図 10-3-
2）。

オリジンサーバ
sample.mp4

図 10-3-2 オリジンサーバへの格納

② CloudFront ディストリビューション（以下、ディストリビューション
といいます）を作成します（図 10-3-3）。ディストリビューションは
「example123.cloudfront.net」のようなドメイン名で、S3 バケットなど
のオリジンサーバが設定されています。

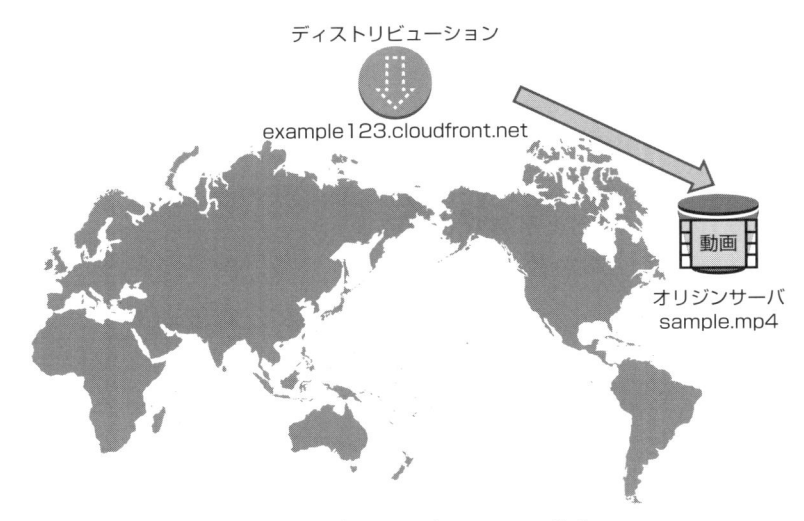

図 10-3-3　ディストリビューションの作成

③ CloudFront ディストリビューションにエンドユーザがアクセスすると、
DNS による名前解決の際、地理データベースにより、コンテンツにアク
セスしようとしているエンドユーザには、地理的に最も近いエッジロケー
ションの IP アドレスが返されます（図 10-3-4）。

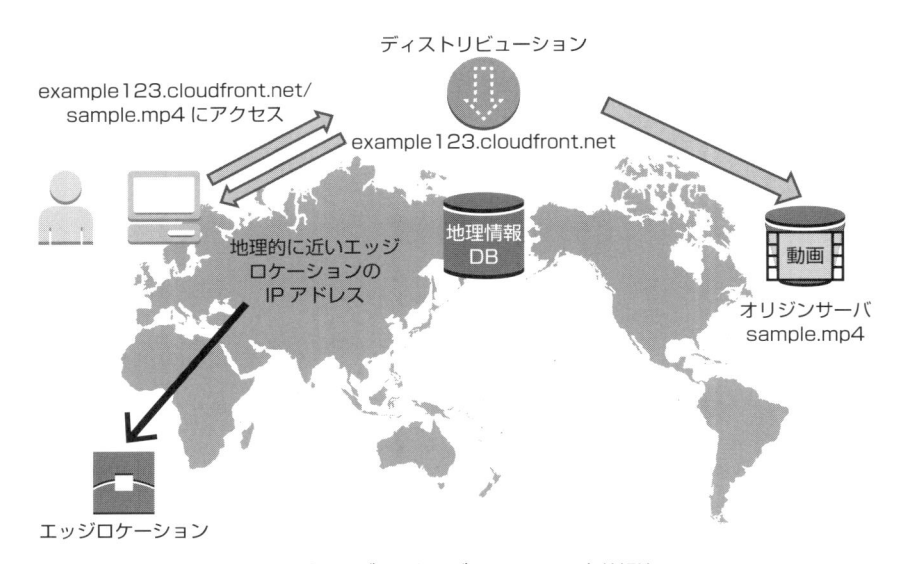

図 10-3-4　ディストリビューションの名前解決

④ エンドユーザは、返された IP アドレスに従い、地理的に最も近いエッジロケーションにアクセスし、コンテンツがキャッシュされていればそこからコンテンツをダウンロードします（図 10-3-5）。コンテンツは、最初にエンドユーザからのアクセスがあった際に、オリジンサーバからダウンロード／キャッシュされます。

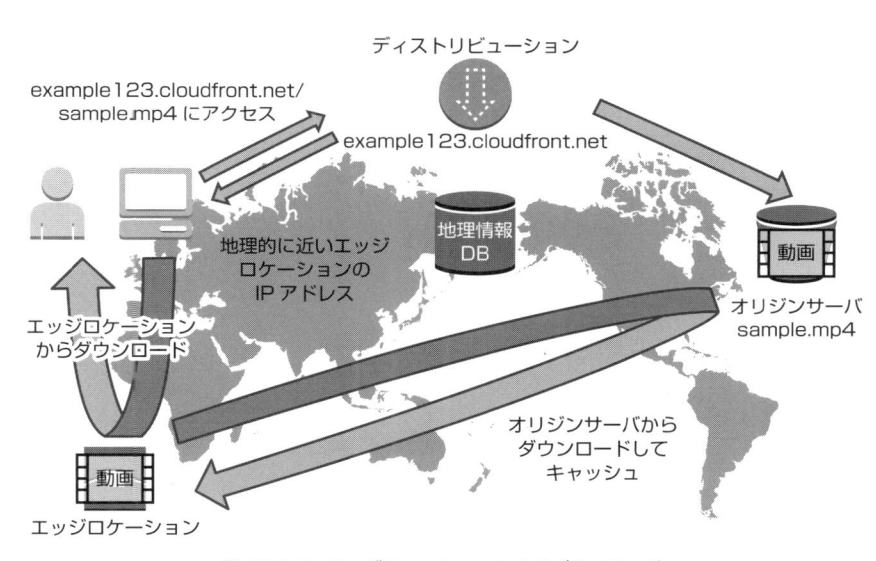

図 10-3-5 エッジロケーションからのダウンロード

　以上の①～④の流れにより、コンテンツが最寄りのエッジロケーションにキャッシュされていれば、コンテンツのダウンロードにかかるレイテンシーを小さくすることができます。

　1 つのディストリビューションに複数のオリジンサーバを設定して、オリジナルコンテンツの拡張子によってオリジンサーバを S3 バケット／EC2 インスタンスというように振り分けることができます。CloudFront では、エッジロケーションにキャッシュさせる時間を設定することができ、「いつ／誰がアクセスしてもコンテンツが変わらない」**静的なコンテンツ**については S3 バケットに格納してキャッシュ時間を長くし、「サーバサイドプログラムによってコンテンツが変化する」**動的なコンテンツ**については EC2 インスタンスに格納してキャッシュ時間を短くする、といった設定ができます。

137

　また、CloudFront には、エンドユーザのメリットだけではなく、サービス提供側のメリットもあります。CloudFront を利用することで、大量のアクセスが各地のエッジロケーションに分散され、オリジンサーバの負荷が大幅に減少します。これにより、オリジンサーバとして用意しなければいけないリソースを削減することができる他、S3 バケットに直接アクセスさせるよりも AWS の利用料金を抑えられる場合もあります。

> **試験のポイント！**
>
> CloudFront の特徴／メリットを理解し、ユースケースを押さえる！

　CloudFront を利用したコンテンツ配信においても、CloudFront の SSL 証明書、あるいは利用者独自の SSL 証明書を利用した暗号化通信が可能です。また、S3 バケットに格納しているオリジナルコンテンツについて、CloudFront 経由でアクセスさせる際にも、6 章で紹介した「署名（期限）付き URL」によるコンテンツの配信が可能です。「署名付き URL」は、S3 バケットに格納しているオブジェクトの「署名付き URL」を生成するのではなく、CloudFront 用のキーペアを使って「署名付き URL」を生成し、その URL にアクセスさせます。

　CloudFront 用の「署名付き URL」を利用してアクセス制限する際、S3 バケットに格納しているオブジェクトをエンドユーザに直接アクセスさせるのではなく、CloudFront 経由に限ってアクセスさせるように、バケットポリシーを設定します。バケットポリシーで CloudFront からのアクセスだけを許可するには、CloudFront ユーザを意味する Original Access Identity（OAI）を作成し、OAI からのアクセスだけを許可します。

> **試験のポイント！**
>
> CloudFront を利用したコンテンツ配信におけるセキュリティ／アクセス制限を押さえる！

章末問題

Q1 S3 の静的ウェブサイトホスティング機能を利用した Web ページを、「example.com」という名前でアクセスさせるよう、Route 53 で名前解決したい。どのレコードを使用すればよいか？

- ○ **A** A レコード
- ○ **B** AAAA レコード
- ○ **C** CNAME レコード
- ○ **D** ALIAS レコード

Q2 2 つのリージョンにそれぞれ同じ Web システムを構成し、世界のどこからアクセスしても同じ URL で Web システムにアクセスできるように Route 53 で名前解決している。このとき、利用すべき Route 53 の機能として、適切なものはどれか？正しい選択肢を**全て**選べ。

- □ **A** 加重ラウンドロビン
- □ **B** レイテンシーベースルーティング
- □ **C** ヘルスチェック／フェイルオーバー
- □ **D** クロスリージョンルーティング

Q3 CloudFront を利用した際のメリットはどれか？正しい選択肢を**全て**選べ。

- □ **A** 1 年単位の契約で CDN サービスが利用できる。
- □ **B** コンテンツを世界各地のエッジロケーションにキャッシュすることで、動画などの大きなコンテンツを高速にダウンロードできる。
- □ **C** アクセス（ダウンロード）させるオリジナルのデータ（コンテンツ）格納先として、AWS 上の S3 バケットや ELB（EC2 インスタンス）の他、オンプレミスのサーバも指定でき、コンテンツ配信サーバの負荷を下げることができる。
- □ **D** CloudFront では、ディストリビューション作成時にオリジナルデータ（コンテンツ）が世界各地のエッジロケーションにキャッシュされるため、最初にアクセスしたエンドユーザから高速アクセス（ダウンロード）が可能となる。

Q4 年度初めに行われた期首方針の社外秘の説明動画を、全世界の支店／
事務所に配信したい。どのように配信するのが最も適切か？

○ **A** 全てのリージョンに動画配信用の S3 バケットを作成し、その中に
動画をコピーする。全従業員を IAM ユーザとして登録し、IAM ポリ
シーで各従業員の最寄りのリージョンの S3 バケット内の動画へのア
クセスを許可する。

○ **B** 全てのリージョンに動画配信用の S3 バケットを作成し、その中に動
画をコピーする。動画オブジェクトの URL から署名付き URL を作
成し、各支店／事務所のイントラサイトに署名付き URL を掲載する。

○ **C** 本社近くのリージョンに動画配信用の S3 バケットを作成し、その中
に動画を格納する。CloudFront を利用して、その S3 バケットをオ
リジンサーバに設定し、全社のイントラサイトに CloudFront のディ
ストリビューション URL を掲載する。

○ **D** 本社近くのリージョンに動画配信用の S3 バケットを作成し、その
中に動画を格納する。OAI を設定し、本社の従業員を含め、S3 バ
ケットからの直接動画配信を禁止し、全社のイントラサイトに
CloudFront の署名付き URL を記載する。

答え

A1 D

Zone Apex の別名名前解決を行うには、Route 53 独自の ALIAS レコード使用する必要が
あります。

A2 B、C

B　レイテンシーベースルーティングの設定をすることで、Route 53 に問い合わせた際、エ
ンドユーザからのレイテンシーが低くなるリージョン（サイト）の名前／IP アドレスが
返されます。

C　2 つのリージョン（サイト）でヘルスチェック／フェイルオーバー設定をしておくこと
で、片方のリージョン（サイト）がダウンしているときは、Route 53 への問い合わせに
対し、正常に動作しているリージョン（サイト）名前／IP アドレスのみが返されます。

D　クロスリージョンルーティングという名前の機能はありません。

A3 B、C

A　CloudFront は、長期契約が不要な、従量課金制のサービスです。

C　オリジンサーバとして、オンプレミスのサーバも設定可能です。

D　コンテンツがエッジロケーションにキャッシュされるのは、そのエッジロケーションに初回アクセスが発生したときです。

A4　D

AWS リソース／運用管理にかかるコストと、社外秘の動画配信の安全性を考慮した場合、D が最も適切です。OAI は CloudFront を意味するユーザに相当し、S3 オブジェクトへのアクセスを CloudFront に限定することができます。

第 11 章

AWS サービスのプロビジョニング／デプロイ／構成管理
(CloudFormation／Elastic Beanstalk／OpsWorks)

AWS のプロビジョニング／デプロイ／構成管理サービスについて

AWS は柔軟性に富んだ従量課金制のクラウドサービスのため、必要なときに、必要なだけ、リソースを提供／配置（プロビジョニング／デプロイ）することで、利用者はコストメリットが得られます。そして、必要なときに、必要なだけ、リソースを提供／配置する上で重要なのは、自動プロビジョニング／デプロイサービスです。

AWS には、CloudFormation というプロビジョニングサービスや、Elastic Beanstalk というデプロイサービス、OpsWorks という構成管理サービスがあります。認定試験においては、これらのサービスのユースケースについてよく出題されます。

11-1　CloudFormation

AWS は、柔軟性に富んだ従量課金制のクラウドサービスです。開発／検証環境が必要になったときに、必要な数を迅速にプロビジョニング（提供）したり、災害発生時には一時的なサイトを本番環境サイトが稼働していたリージョンとは異なるリージョンに迅速にプロビジョニングしたりすることで、コストメリットを図りつつ、連続的なサービスを提供できます。このとき、手動によるプロビジョニングでは、誤りが発生したり、プロビジョニングまでにかかる時間が長くなったりする問題点があります。

AWS には、AWS **CloudFormation**（以下 CloudFormation）というプロビジョニングサービスがあり、利用者が用意した定義（コード）に従って AWS リソースを自動的にプロビジョニングします。自動化により、AWS リソースの構築／管理を効率化できる他、インフラストラクチャをコード化して、インフラのバージョン管理が可能になります。

CloudFormation 自体の料金は無料で、CloudFormation によってプロビジョニングされたリソースの利用料金のみ発生します。

CloudFormation を利用するには、次の 2 つの用語を押さえる必要があります。

- **テンプレート**：プロビジョニングするリソースを規定する JSON 形式のテキストファイル
- **スタック**：CloudFormation によってプロビジョニングされるリソースの集合／管理単位

CloudFormation は、JSON 形式で記述された、テンプレートと呼ばれる設定ファイルに従って、様々な AWS サービスをプロビジョニングします。テンプレートを元にプロビジョニングされるリソースの集合をスタックといい、スタック単位でリソースの更新や削除が可能です。そのため、ある時点でのスタックを定義するテンプレートや現時点でのスタックを定義しているテンプレートなど、テンプレートのバージョン管理ができ、これによりインフラス

トラクチャをあたかもソフトウェアのようにコード化して、バージョン管理をすることができます。

> **試験のポイント！**
>
> CloudFormation を利用したインフラストラクチャのバージョン管理イメージを押さえる！

テンプレートは、AWS から提供されるサンプルテンプレートを元に利用者が編集したり、利用者が独自に作成したりできる他、**CloudFormer** というツールを利用して作成することもできます。CloudFormer は、利用者のアカウントで現在作成されている AWS リソースを元にテンプレートを作成することができるツールで、利用者がテンプレートを自作する際の開始点として利用できます。

例えば、EC2 インスタンスをプロビジョニングするテンプレートは、次のようになります。

＜例：東京リージョンかオレゴンリージョンで NAT インスタンスを起動する＞

```
{
  "AWSTemplateFormatVersion" : "2010-09-09",
    "Parameters" : {
        "MyKeyPair" : {
            "Description" : "Key Pair Name",
            "Type" : "String"
        },
        "MyInstanceType" : {
            "Description" : "EC2 Instance Type",
            "Type" : "String"
            "Default" : "t2.micro",
            "AllowedValues" : ["t2.micro", "t2.small"]
        }
    }
    "Mappings" : {
        "AWSRegionToAMI" : {
            "ap-northeast-1" : {
                    "AMI" : "ami-12345678"
            },
            "us-west-2" : {
```

```
                            "AMI" : "ami-abcdefgh"
                }
    },
    "Resources" : {
        "NATInstance" : {
                "Type" : "AWS::EC2::Instance",
                "DependsOn" : [ "RDSInstance"],
                "Properties" : {
                        "ImageId" : {
                                "Fn::FindInMap" : [
                                        "AWSRegiontoAMI",
                                        {
                                          "Ref" : "AWS::Region"
                                        },
                                        "AMI"
                                ]
                        },
                        "InstanceType" : {"Ref" : "MyInstanceType"},
                        "KeyName" : {"Ref" : "MyKeyPair"},
                        "NetworkInterfaces" : [
                        {
                                "DeviceIndex" : "0",
                                "AssociatePublicIpAddress" : "true",
                                        ⋮
                        }
                        ],
                        "SourceDestCheck" : "false",
                        "UserData" : { "Fn :: Base64" : { "Fn :: Join" : ["", [
                                "#!/bin/bash ¥n",
                                "yum -y update ¥n",
                                        ⋮
                                "/opt/aws/bin/cfn-signal -s true '",
                                {
                                        "Ref" : "WaitHandle1"
                                },
                                        ⋮
```

　利用者がスタックを作成する都度指定する項目については、Parameters セクションで規定でき、上記の例では、キーペアとインスタンスタイプをスタック作成時に指定できます。

　インスタンスタイプについては、t2.micro か t2.small を選択します。AMI ID のように、リージョン固有の値を持つリソースをテンプレートに記載する際、どのリージョンでも同じテンプレートを利用できるように、リージョンごとの値（ここでは AMI ID）を返すマッピングテーブルを作成しておき、リ

ソース作成時に値を参照します。こうすることで、東京リージョンでスタックを作成すれば東京リージョンの AMI ID が参照され、オレゴンリージョンでスタックを作成すればオレゴンリージョンの AMI ID が参照されます。なお、CloudFormation はスタックの作成途中で指定されている AMI が見つからないなどのエラーが発生すると、デフォルトでロールバックし、そこまで作成したすべてのリソースを削除します。

　CloudFormation は、リソースの依存関係などを判断して、できるだけ並列にリソースを起動するため、利用者が明示的に作成順序を指定したい場合には DependsOn セクションで規定します。上記の例では、テンプレートの別の場所に記載のある RDS インスタンスを作成してから NAT インスタンスを作成します。また、テンプレートにはユーザデータを記述でき、ソフトウェアのインストールなど、起動時に行う様々な処理を指定できます。ユーザデータの処理に時間がかかりそうな場合、ユーザデータの最後にシグナルを送る処理を記載し、そのシグナルを受け取ってから残りのスタックの作成を続行するという指定も可能です。テンプレートには条件を記載することもでき、スタック作成時に選択した条件によって、例えば本番／開発／検証環境を作成することができ、環境ごとにテンプレートを個別に作成する必要はありません。

> **試験のポイント！**
>
> CloudFormation で設定できる項目や、エラー発生時の動きなどを押さえる！

11-2 Elastic Beanstalk／OpsWorks

　AWS Elastic Beanstalk（以下 Elastic Beanstalk）は、アプリケーションのデプロイツールです。これを使うことで、開発者が自身で開発環境を AWS 上に構築し、そこにアプリケーションをデプロイ（配置）することができます。構築できる AWS リソースは、次の通りです。

- ELB
- EC2 インスタンス（Auto Scaling Group）
- S3 バケット
- RDS（オプション）
  など

　開発者は、Elastic Beanstalk でアプリケーションのバージョン管理ができ、既存の環境を以前のバージョンに戻すことができます。CloudFormation と同様に、Elastic Beanstalk 自体の料金は無料で、プロビジョニングされたリソースの利用料金のみ発生します。

　AWS OpsWorks（以下 OpsWorks）は、AWS 上のアプリケーションサーバの構成管理ツールで、ELB や EC2 インスタンスを作成し、その後に Chef のレシピを実行してソフトウェアのインストールや設定などを自動化できます。

　前述の Elastic Beanstalk は、アプリケーション管理プラットフォームで、開発者がコーディングしたアプリケーションを簡単にデプロイ／管理できるサービスであり、サーバの構成管理に焦点を当てた OpsWorks とは異なります。また、11-1 で紹介した CloudFormation は、AWS 上に VPC（ネットワーク）から構築できる、インフラストラクチャ部分のプロビジョニングサービスであり、やはりサーバの構成管理に焦点を当てた OpsWorks とは異なります。

　Elastic Beanstalk や OpsWorks は CloudFormation から呼び出すことができ、CloudFormation と Elastic Beanstalk を組み合わせて、VPC を含めたインフラ部分の作成からアプリのデプロイまでを自動化したり、CloudFormation と OpsWorks を組み合わせて、アプリの設定までを自動化することができます。

試験のポイント！

CloudFormation／Elastic Beanstalk／OpsWorks のユースケースを押さえる！

章末問題

Q1 CloudFormation で実施できることとして、誤っているものはどれか?

- ○ **A** インフラストラクチャをコードとして記述でき、バージョン管理できる。
- ○ **B** リソースを作成するリージョンごとに異なるテンプレートを作成する必要がある。
- ○ **C** 本番環境と開発環境でEC2 インスタンスの台数が異なるが、1 つのテンプレートで本番環境と開発環境の設定が記述できる。
- ○ **D** CloudFormation で作成したリソースを一括して更新/削除できる。

Q2 Q2.CloudFormation の特徴として、正しいものはどれか?

- ○ **A** CloudFormation はテンプレートに記述された順番にリソースを作成していくため、依存関係のあるリソースは記載順序に気をつける。
- ○ **B** CloudFormation でスタックの作成途中にエラーが発生した場合、デフォルトでは、たとえそれまでに課金が発生するリソースが起動していたとしても、そのリソースを削除してロールバックする。
- ○ **C** CloudFormer というツールを利用し、作成したテンプレートに間違いがないかを確認することができる。
- ○ **D** CloudFormation は EC2 インスタンスや RDS インスタンスなどの実体を作成するツールであり、VPC は作成できないため、事前に VPC を作成しておく必要がある。

Q3 CloudFormation/Elastic Beanstalk/OpsWorks の使い方として、適切なものはどれか?

- ○ **A** CloudFormation のテンプレートにバージョン番号をつけ、アプリケーションのバージョンアップに合わせてスタックの更新を行う。
- ○ **B** 複数のリージョンで本番環境とは異なる VPC で開発環境と検証環境を作成するため、Elastic Beanstalk を利用して環境をデプロイする。
- ○ **C** OpsWorks から Chef のレシピを実行し、ELB の配下に Auto Scaling 設定がされた EC2 インスタンスが配置される構成を作成する。
- ○ **D** Web-DB 連携アプリケーション開発環境を複数用意するため、

CloudFormation で ELB と EC2 インスタンスと RDS インスタンスを作成し、EC2 インスタンスに必要なソフトウェアをインストールする。CloudFormation から OpsWorks を呼び出して、アプリケーションソフトウェアの接続先の DB として RDS を設定する。

答え

A1　B

マッピングテーブルを利用することで、リージョンごとに異なる項目／値をスタックが作成されるリージョンに合わせ、1 つのテンプレート内で指定することができます。

A2　B

A　CloudFormation は、テンプレートの記載順ではなく、並列で作成できるリソースは並列に作成していくため、依存関係があるリソースを作成する際は、DependsOn 属性を指定する必要があります。

C　CloudFormer は、現在のアカウント上で作成されているリソースを元にテンプレートを作成するツールです。

D　CloudFormation は、VPC を含んだほぼすべての AWS リソースを作成することができます。

A2　D

A　アプリケーションの管理には、Elastic Beanstalk が適しています。

B　VPC からリソースを作成するには、CloudFormation を利用します。

C　Chef のレシピを実行して構成を管理するのは AWS リソースの設定ではなく、アプリケーションの設定です。

第 12 章

EC2 の料金モデル
（オンデマンドインスタンス／リザーブド インスタンス／スポットインスタンス）

EC2 の料金モデルについて

　AWS の特徴／メリットとして、利用した分だけコストが発生する従量課金制があり、これにより、IT リソースにかかるコストを抑えることができます。しかし、サーバの中には 24 時間 365 日稼働し続けるものもあり、そういった用途向けに年間契約の料金モデルも AWS では用意しています。さらに、需要と供給のバランスに応じて価格が設定される料金モデルも用意されており、これらの料金モデルを組み合わせることで、サービスを十分な IT リソースで提供しながら、IT リソース全体のコストを最適化することができます。

　認定試験では、料金モデルの最適な組合せが出題されます。本章では、EC2 の料金モデルであるオンデマンドインスタンスとリザーブドインスタンス、そしてスポットインスタンスについて説明します。

12-1 オンデマンドインスタンス

オンデマンドインスタンスは、EC2インスタンスのデフォルトの課金方式で、EC2インスタンスが起動している時間だけ、1時間単位で支払いが発生します。長期契約は不要で、必要なときに、必要なだけEC2インスタンスを用意することでコストを抑えることができ、システムの負荷の増減に対応できます。

オンデマンドインスタンスの1時間あたりの料金は、次の3つの要素で決まります。

- リージョン
- インスタンスタイプ
- OS（Amazon Linux／RHEL／Windows Server など）

オンデマンドインスタンスは、開発／検証環境のサーバや、Auto Scalingグループで増減するサーバなど、1年を通して常時稼働することが求められていない用途での利用が向いています。

12-2 リザーブドインスタンス

リザーブドインスタンスは1年あるいは3年契約を結ぶことにより、オンデマンドインスタンスよりも割安にEC2インスタンスやRDSインスタンス、ElastiCacheノードやRedshiftノードを利用できる課金方式で、**RI**（Reserved Instance）と略した名称で呼ばれることがあります。DynamoDBやCloudFrontについても同様の割引方式がありますが、こちらはキャパシティ（テーブル容量やデータ転送量）を事前に予約するリザーブドキャパシティといいます。本書では、EC2のリザーブドインスタンスを元にして説明します。

リザーブドインスタンスでは、EC2インスタンスの起動／停止に関わらず、

利用料金が発生します。料金の支払い方法と契約期間は、表 12-2-1 のとおりです。

表 12-2-1 リザーブドインスタンスの料金の支払い方法と契約期間

支払方式	契約期間
全額前払い	1 年あるいは 3 年
一部前払い	1 年あるいは 3 年
前払いなし	1 年

オンデマンドインスタンスに対する割引率は、支払方式別では「前払いなし」、「一部前払い」、「全額前払い」の順で高く、契約期間別では「1 年」、「3 年」の順で高く、最大で 75% ほどの割引になります。全額前払いの場合、1 年あるいは 3 年分のリザーブドインスタンスの料金を一括で前払いします。一部前払いの場合は少額を前払いし、その後の契約期間中、リザーブドインスタンスの割引利用単価に支払い月の時間数 (24 時間 × 支払い月日数) をかけた額を支払います。前払いなしについても、毎月の支払は一部前払いと同様ですが、割引利用単価が一部前払いよりも高くなります。

> **補足** 2014 年 11 月以前は、リザーブドインスタンスには「軽度使用 RI」「中度使用 RI」「重度使用 RI」という 3 種類の支払い方式がありましたが、2014 年 12 月より、現在のシンプルな支払い方式に変わりました。現在の「一部前払い」が以前の「重度使用 RI」に相当します。

例えば、東京リージョンで Amazon Linux、m4.large の場合のリザーブドインスタンスの料金とオンデマンドインスタンスに対する割引率は、表 12-2-2 のようになります。(2016 年 4 月現在)

表 12-2-2 リザーブドインスタンスの料金とオンデマンドインスタンスに対する割引率

期間	支払い方式	前払い	毎月平均	実質的時間単価	オンデマンドに対する割引率	オンデマンド（毎時）
1 年	全額前払い	$799	$0	$0.0912	48% オフ	$0.174
	一部前払い	$408	$34.31	$0.0936	46% オフ	
	前払いなし	$0	$79.57	$0.109	37% オフ	
3 年	全額前払い	$1666	$0	$0.0634	64% オフ	$0.174
	一部前払い	$886	$24.09	$0.0667	62% オフ	

　オンデマンドインスタンスは、起動していた時間だけ課金が発生しているため、稼働率が低ければ1年あるいは3年間の合計利用料金がリザーブドインスタンスよりも低くなります。一般に、年間稼働率が70%を超えるようであれば、リザーブドインスタンスの方が料金を低く抑えることができると言われています。また、1年契約よりも3年契約の方が割引率が高くなりますが、3年間の契約期間中に新しい世代のインスタンスタイプが発表されたり、現行インスタンスの値下げが行われてもリザーブドインスタンスはその恩恵を受けることができません。

　リザーブドインスタンスは、利用料金の割引だけではなく、ITリソースキャパシティの予約（リザーブ）にもなります。AWSのITリソースの需要が高まっても、リザーブドインスタンスとして予約しているインスタンスは、いつでも確実に起動できます。

12-3　スポットインスタンス

　スポットインスタンスは、入札形式のEC2インスタンスの利用／支払い方式で、需要と供給のバランスによって決まるスポット価格（市場価格）を入札価格が上回ると、EC2インスタンスを利用できます。スポット価格は、次の3つの項目ごとに設定されています。

- アベイラビリティゾーン（AZ）
- インスタンスタイプ
- OS（Amazon Linux／SUSE Linux／Windows Server など）

　各AZの各インスタンスタイプの需要に基づいて、そのAZ／インスタンスタイプ／OSのスポット価格が決まります。スポット価格は需要と供給のバランスによって変動し、最大でオンデマンドの90%近い割引価格になります。これから新規に起動するインスタンスであれば、入札価格がスポット価格を上回るとスポットインスタンスが起動します。そのとき、実際のスポットインスタンスの利用価格は入札価格ではなく、スポット価格になります。一方、

既にある入札価格で起動中のスポットインスタンスがあり、その入札価格を
スポット価格が上回った場合、インスタンスはターミネート（終了）されます。
そのため、スポットインスタンスは、計算クラスタノードの一部や、Auto
Scaling の増加分のインスタンスなど、スポットインスタンスが突然削除され
てしまっても問題ないところに利用します。また、スポットインスタンス上の
データについては、頻繁にチェックポイントを設けて S3 や EBS、DynamoDB
といった不揮発性のストレージに書き出す必要があります。あるいは、スポッ
トインスタンスのターミネートは 2 分前に EC2 インスタンスのメタデータに
通知されるため、その通知をトリガーにして外部ストレージに書き出します。
なお、スポット価格の高騰によってスポットインスタンスがターミネートさ
れた場合、その最後の 1 時間分の利用料金は発生しません。

> 補足　2015 年 10 月にスポットブロックというオプションがリリースされました。
> スポットブロックオプションを有効にしたスポットインスタンスは、1〜6 時
> 間の間で、スポット価格の変動にかかわらず継続して利用することができま
> す。ブロック価格はスポット価格よりも少々高めですが、オンデマンド価格
> よりは低額です。

重要！

**スポットインスタンスは、単独で使用するのではなく、オンデマンドやリ
ザーブドインスタンスと組み合わせて利用する！**

試験のポイント！

業務（提供サービス）の継続と EC2 のコスト最適化の両方を考慮して、オ
ンデマンド／リザーブド／スポットインスタンスそれぞれのユースケース
を押さえる！

章末問題

Q1 24時間365日サービスを提供するチケット販売Webシステムを ELBと配下のAuto ScalingグループのEC2インスタンス、及びRDS で構成している。初期EC2インスタンス数は2台だが、チケット販 売開始時刻にはアクセスが集中するため、販売開始時刻の5分前にも う2台手動で追加しておき、販売開始後はAuto Scalingで自動拡張 するように設定した。リザーブドインスタンスの使いどころとして適 切なものはどれか?

- ○ **A** 初めから起動している2台のインスタンス
- ○ **B** 販売開始時刻の5分前に追加する2台のインスタンス
- ○ **C** 販売開始後にAuto Scalingによって追加されるインスタンス
- ○ **D** このシステムにリザーブドインスタンスを使う必要はない。

Q1 24時間365日サービスを提供するチケット販売Webシステムを ELBと配下のAuto ScalingグループのEC2インスタンス、及びRDS で構成している。初期EC2インスタンス数は2台だが、チケット販 売開始時刻にはアクセスが集中するため、販売開始時刻の5分前にも う2台手動で追加しておき、販売開始後はAuto Scalingで自動拡張 するように設定した。スポットインスタンスの使いどころとして適切 なものはどれか?

- ○ **A** 初めから起動している2台のインスタンス
- ○ **B** 販売開始時刻の5分前に追加する2台のインスタンス
- ○ **C** 販売開始後にAuto Scalingによって追加されるインスタンス
- ○ **D** このシステムにスポットインスタンスを使う必要はない。

答え

A1 A

Bはオンデマンドインスタンスが適しています。
Cはスポットインスタンスが適しています。

A2 C

Q1.と同じです。

索引

■著者プロフィール

大塚 康徳 (おおつか やすのり)

株式会社日立インフォメーションアカデミー　システム研修部所属
AWS Authorized Instructor
AWS 認定ソリューションアーキテクト–プロフェッショナル

日立インフォメーションアカデミーに入社後 UNIX や Linux、オープンソースクラウド基盤の研修を担当。豊富な AWS 導入経験を有する日立ソリューションズに出向し、AWS の導入案件に従事。提案から設計、構築までを担当し AWS の 7 つのベストプラクティスの重要性を肌で感じる。
その後 AWS の認定インストラクターである「AWS Authorized Instructor」の認定を取得し、「Amazon Web Services 実践入門 1」「Amazon Web Services 実践入門 2」「Architecting on AWS」「Systems Operations on AWS」を担当。現在に至る。
休日の昼間から呑むビールが楽しみ。

■日立インフォメーションアカデミーについて

株式会社日立インフォメーションアカデミーは研修の企画支援から開発支援、研修実施、研修定着支援までを提供する「人財育成のトータルソリューション」企業です。
「AWS 認定トレーニングパートナー」として入門レベルだけではなく、AWS 認定アソシエイトレベルに対応するすべての AWS の認定トレーニングを提供しています。
https://www.hitachi-ia.co.jp/

合格対策
エーダブリューエスニンテイ
AWS認定ソリューションアーキテクト
－ アソシエイト

ⓒ 株式会社日立インフォメーションアカデミー 2016

2016年 8月26日	第1版第1刷	発行
2016年12月22日	第1版第2刷	発行
2017年 7月31日	第1版第3刷	発行
2018年 2月16日	第1版第4刷	発行

著　者　大塚康徳（日立インフォメーションアカデミー）

発 行 人　新関卓哉
企画担当　蒲生達佳
発 行 所　株式会社リックテレコム
　　　　　〒113-0034 東京都文京区湯島 3-7-7
　　　　　振替　　00160-0-133646
　　　　　電話　　03（3834）8380（営業）
　　　　　　　　　03（3834）8427（編集）
　　　　　URL　　http://www.ric.co.jp/

装　　丁　阿保裕美（トップスタジオデザイン室）
本文組版　株式会社トップスタジオ
印刷・製本　シナノ印刷株式会社

● 本書に関するお問い合わせは下記までお願い致します。　なお、　ご質問の回答に万全を期すため、　電話によるお問い合わせはご容赦ください。　E-mail：book-q@ric.co.jp FAX:03-3834-8043
● 本書に記載されている内容には万全を期しておりますが、　記載ミスや情報内容に変更のある場合がございます。　その場合には当社のホームページ[http://www.ric.co.jp/book/seigo_list.html]に掲載致しますので、　ご確認ください。
● 乱丁・落丁本はお取り替え致します。

ISBN978-4-86594-043-5